态客书系

ZAODIAN YUJIAN NI

早点遇见你

50道创意亲子早餐

50 DAO CHUANGYI QINZI ZAOCAN

多 妈◎著

图书在版编目（CIP）数据

早点遇见你：50道创意亲子早餐 / 多妈著. —南宁：接力出版社，2017.9
（态客书系）
ISBN 978-7-5448-4889-3

Ⅰ. ①早… Ⅱ. ①多… Ⅲ. ①儿童—食谱 Ⅳ. ①TS972.162

中国版本图书馆CIP数据核字（2017）第130692号

责任编辑：刘佳娣　　美术编辑：林奕薇　　封面设计：林奕薇
责任校对：刘艳慧　　责任监印：刘　冬
社长：黄　俭　　总编辑：白　冰
出版发行：接力出版社　　社址：广西南宁市园湖南路9号　　邮编：530022
电话：010-65546561（发行部）　　传真：010-65545210（发行部）
http：//www.jielibj.com　　E-mail：jieli@jielibook.com
经销：新华书店　　印制：北京地大彩印有限公司
开本：710毫米×1000毫米　1/16　　印张：14.5　　字数：255千字
版次：2017年9月第1版　　印次：2017年9月第1次印刷
印数：00 001—10 000册　　定价：49.80元

目 录

第二章　动画明星欢乐多 | 75

第三章　每逢佳节倍开心 | 129

第四章　我和妈妈一起来 | 163

序 妈妈的『味道』

这是一本可以一口气读完，也可以细细品读的书。

比如我，就是一口气读完的。作为一个已经不需要每天早晨起床给孩子做早餐的妈妈，这位妈妈每天做什么饭，用什么食材制作，我并不太关注，这些食物制作背后心路历程的描述以及隐藏在其中的那些故事，才是最打动我的地方。

这是一本教你怎么用心给孩子做一顿丰盛早餐的烹调书，也是一本关于女性自我成长的书。

一个已在职场中取得成功的女性，在遭遇一场突如其来的疾病后，开始了自我拯救。有趣的是，这个拯救没有依靠当下流行的禅修、辟谷、瑜伽，而是回归到了平平常常的做饭中，给自己的孩子做饭，每天做一顿丰盛的早餐。就是这样一次看似普通的“回归”，却让她找回了安宁，也找到了生活的信仰。

过去很多年里，女性和“做饭”这件事都是联系在一起的。这些年，越来越多的妈妈远离了厨房，除了生活节奏的加快，也有女性认为，做饭对自己而言是一件过于消耗体力和精力的事情。成年后的女性在家庭中扮演着妻子和母亲的角色，与社会角色相比，这两种角色会令人感觉付出与回报之间的不对等。但是，做饭这件事，看似简单，却有一种神奇的力量。做饭时的付出与创造不仅丰富着家人的生活，对自己也是一种很好的滋养，但这一点容易被女性自身所忽视。心理学家认为，一个越是对家人、对世界心存感恩的人，就越容易放下自我，感受他人，与他人和世界之间建立联结，感受生活带来的美好与喜悦。

对于家庭而言，一个会做饭的女性不仅能够带给家庭一定的安全感与稳定感，也会让自己身上有一种特别温暖的力量。因为，食物的烹制过程不仅表达着女性对生活的热爱与创造，也显现着女性成为母亲后心灵的宁静与能量。对于孩子而言，美好的食物中只有带着妈妈的味道，才能触及他们的灵魂。

不会做饭的妈妈不能称为“好妈妈”，说出这句话会得罪不少人，但我发现，这句话真是真理。人和食物的关系原本是很简单的，但一次精心烹制的过程却是一件极具仪式感的事情。这个过程往往蕴含着制作者的情感和生命体验。在孩子的成长过程中，母亲和孩子的生命就是这样一次次地靠食物与心灵的双重滋养完成交融的。随着孩子年龄的增长，很多小时候看过的东西会从记忆中消失，只有童年里的味道和气息才能长时间地留在记忆深处，用几乎令人难以察觉的方式承载着孩子心灵深处的回忆。

这本书还给了我一个启示，当我们能够放下心来，解除自身对思维与认识的依赖，开始依靠直觉生活，就能与自我的本性相联结。这种联结的力量会超越现象的阻隔，让生活与生命达到一种自如的状态。正如作者所言，人生最美的事业，就是要学会生活！

中华女子学院附属实验幼儿园园长　胡华

前言

感谢生命的馈赠，让家落地生根

做一个独立而优秀的职业女性，是我一直以来的梦想。二十多岁时，我和先生来到杭州从事广告策划，当时很多广告界的前辈，就是我的偶像和奋斗目标。青春开始上满了弦，为了更美好的生活，和先生一起打拼，希望不负所学，不负从内蒙古鄂尔多斯到杭州的三千公里。

不知从什么时候开始，身边的许多姐妹已是接送孩子往返幼儿园的妈妈，言谈举止都流露出忙碌的幸福。我开始有些羡慕那些顺应时节、从容生活的女人，感谢她们无意识的不断提醒，二十九岁那年我终于怀上了自己的“多宝贝”。

从知道怀孕到回家待产的八个月，我依然坚持上班，并不想让这个小家伙打断自己的职业梦想。在工作中任腹部慢慢隆起，昔日的曲线被另一条曲线改变，光洁的面颊泛起色斑。就这样带着难以言说的心情，耐心等待一个新生命的到来。

人都说孩子的降临是一个女人完成蜕变的新生。的确，美就美在这种不容伤害的神圣，那一声“哇哇”的啼哭，唤起我潜藏的母爱。本以为很坚强的职业梦，在柔弱的生命面前瞬间投降了。那一刻，我决定放弃自己喜欢的工作，用心做一个全职妈妈。

在无常的岁月里，找到生活的信仰

决心还是拗不过本性，更拗不过时间，本打算在家照顾宝贝到上幼儿园，可不到一年，心中的职业梦又泛起波澜。在很快找了一家照顾孩子的公司后，我又上班了。怀揣着自己的设计师梦想，每天的二十四小时立刻被塞得满满的。

那段时间就像在行军打仗。早上送完孩子后火速到公司，提早一小时回家接孩子、买菜、做饭，照看孩子直至他安然入睡，然后抽空洗衣服、收拾房间，有时还要在家加班工作。即使是凌晨三点躺下，依然需要早起做饭、送孩子。恨不得每一秒都掰成两半来用。

这样的节奏持续了不到一年，我病倒了。那天，本以为输点盐水就好，可医生看到化验结果后，很严肃地通知我必须马上住院。我得了一种很难医治且几乎不可能痊愈的病。

我一直觉得自己是个打不死的小强，是扔到石头缝里都能找机会绽放的异类。但听到这个结果后瞬间晕眩，无法接受，这辈子除了生孩子，我还从没住过院。

在医院的日子，看着那些垂暮的病人，各种负能量和负情绪弥散全身，这种负情绪在不断提醒我最不愿意接受的现实——我和他们是“一伙儿”的。

十一天后，我拎着一大包药出院回家，迫不及待地想抱抱自己的孩子，可接下来儿子连续高烧三次。我心力交瘁，病情加重。家人担心不已，我也几近崩溃。

母亲是基督徒，一生经历过不少事情，面对我的窘境，她似乎没有表现出太多的惊慌，有时竟然说我这病来得好。一个月后，我几尽崩溃地大哭了一场，在爱与信仰的传递下，我找到了那份难得的释放。

那段时间，母亲陪着，先生守着，多多也没有再发烧，突然感觉无比幸福！慢慢地，我开始从负面情绪中走出来，轻松面对一切。

我们生活在一个匆忙的三维空间，时间是最强大的力量，一不留神，物是人非。于是，我想给多多留一些什么，既可以表达妈妈的那份爱，又能让多多记住妈妈陪伴他的那些时光。

某天，和朋友吃饭，儿子用稚嫩的小手将盘子、碗、小勺拼出了米老鼠吐舌头的造型，我欣喜不已。突然想到网上有妈妈们把孩子的涂鸦做成布娃娃珍藏，我为什么不把多多的创意变成早餐呢？那是一种有意思的亲子互动，顺便还有可能改掉多多不主动吃饭的不良习惯。

我希望通过创意早餐，给多多带来幸福的记忆。父母终究要离开，只有记忆不会老。将来多多也可以用类似的方式传递幸福给自己的孩子，感知生活的美好。就这样做吧！

于是，多妈创意早餐便开始了！

努力让厨房变成一家人欢欣喜悦的地方

“多先生，来吃早餐啦！”我开始叫儿子为“多先生”，也许是希望他快点长大，成为一个独立的人。每每看到多先生在早餐前开心的样子，就让我有了坚持下去的动力。

有人说，厨房掌管着家的温度，我深以为然。清洗的声音、刀切的声音、蒸炒的声音、搅拌的声音、装盘的声音、拍照的声音——所有的声音汇在一起，让人心神安宁。看着早餐从构想变为食物，想象着多先生的惊讶和崇拜，一种为娘的成就感油然而生。

我开始将自己的作品贴到微博。一个同事说：“你打算成为一百天不重样的早餐妈妈吗？”记得我当时的回答是，怎么可能，早餐无非就这么几种食材，能做出什么花样？不知不觉中坚持到现在，何止一百样！回过头来看看，自己也一惊，这些都是我做的吗？

很多人问我，哪里来的这么多灵感呀？怎么会有时间天天做不重样的创意早餐？我感觉就像多多沉迷于赛车运动一样，只要喜欢，玩一天都不会累。即使累，也是舒服的累。

有些朋友担心，多妈的创意早餐会不会把孩子宠坏？我觉得世上所有妈妈都深深地爱着自己的孩子，创意早餐是表达爱的一种方式。而我也惊喜地发现，多多也在改变，他经常和我一起讨论早餐的创作，开始喜欢思考，还会在空闲时，回赠他创作的一份早餐给我，这种幸福感无法形容！

创意早餐在满足孩子胃的同时，更能满足他的眼、手和心，提高孩子的审美眼光，让他学会欣赏一切美的事物。多多现在十分喜欢音乐和绘画，也许与此有分不开的关系！人要学会尝试改变，不是吗？

而更大的变化也在等着我。

2014 年的一天，医生微笑着拿着化验结果告诉我：“你痊愈了！”在医生“不可思议”的眼光里，我记住了那个闪亮的日子。

第一章 大自然里的好朋友

大自然永远是给予我们养分的源泉，我们赖以生存的每寸土、每滴水、每束光，看上去都是那么自然，从出生就伴随着我们，从来没觉得它们有多么珍贵，甚至只把它们看作是一种理所当然的赐予。当那次和死神擦肩而过之后，每一次自然的呼吸都令我无比感恩。和儿子在户外的时候，哪怕看见路边的一朵小花，我都会和他一起观察它的美，每片叶子的纹路，每朵花的色泽，都是那么浑然天成，从不重复，从不掉色——培养他从小懂得感恩，热爱大自然。

在生活中观察到的春雨、柳丝、繁花、枯叶、飘雪……作为妈妈我常常会花心思把它转化成具象的一顿早餐！借着一花一草、一只小鸟等自然生命，让孩子知道这些物种都可以这么美好，何况我们这么有智慧的人，更要热爱生活，珍爱生命！

墙角数枝梅，凌寒独自开。
遥知不是雪，为有暗香来。

多多在课本里学了王安石的《梅花》，回到家里便不停地背诵这首诗，很想亲眼观赏一下真正的梅花。于是，我们挑了个晴好的冬日，带着多多去了植物园赏梅。

多多这一天非常开心，还没出发就充满了期待，可能是因为诗词里描写的梅花让他产生了非常大的兴趣和某些想象的美好画面。一路上他不停地问，还有多久才能到看梅花的地方啊？这么冷，我们能看到盛开的梅花吗？……

GUIYUAN BAIMEI

桂圆白梅

大自然是孩子最好的老师，“梅花香自苦寒来”这句诗我在多多面前有意无意地说了很多遍，希望他能理解这其中的含义，但无论如何引导解释，都没有亲自看一眼来得震撼。穿行在植物园的梅林中，多多小心翼翼地闻了闻一朵白梅，眼睛亮亮的，不知道看哪一朵才好。回来后多多在日记里这样写道：“……像刚刚飘下的雪落在了树上，我不敢吹气，很怕它融化或被吹走。我穿着厚厚的衣服都觉得冷，而梅花不怕，好像越冷它越开心，没有树叶它也笑，有多少朵花就有多少个笑脸……梅花是最顽强的花，可以与出淤泥而不染的荷花比一比了……妈妈，我们在阳台上种一棵吧。”

看到这里，我开始想象梅花绽放在盘子里的样子。第二天早上，多多看到这盘“白梅”的时候，大呼：“太漂亮了！”小手拿起来又放下，轻轻移动花瓣，然后又放回原来的位置，他有点舍不得吃呢，过了好久才放到嘴巴里，说：“妈妈太厉害了！”

茄子：

茄子含有丰富的维生素 P，但是茄子不可以生吃，因为生茄子里含有龙葵碱（茄碱）这种毒素。0.2—0.4 克龙葵碱就可以引起食物中毒。通常说的土豆发芽不能吃了，也是因为其产生了大量的龙葵碱。

番茄：

番茄中含量最多、最重要的成分是番茄红素，是目前自然界植物中被发现的最强的抗氧化剂之一，其消除自由基的能力远远超过类胡萝卜素和维生素 E。番茄在烹饪的时候，只有通过热炒的方式才能释放出这种营养物质，时间越长，释放出的番茄红素就越多。

桂圆：

学名龙眼，含有丰富的葡萄糖、蔗糖和蛋白质，含铁量较高。其有益脾、健脑的作用，也是一味中药，有增强记忆、消除疲劳的功效。

BREAKFAST STEPS

早餐步骤

主要材料：桂圆、巧克力酱、茄子、番茄

步 骤：

1．裱花袋里装入巧克力酱，根据需求剪开适当的口径，在盘子上画出树枝的造型。

2．把桂圆用刀切成五瓣，注意不要切到底，用手整理成花瓣状。注意花朵的姿态，有的盛开，有的含苞待放。根据构图放置在画好的树枝上。

3．再重新取几片桂圆肉做成花苞，同样根据视觉效果穿插放置在树枝间。

4．最后，把茄子和番茄一起炒出来，搭配米饭。

陪伴是最长情的告白。

XIONGMAO YIJIA

熊猫一家

多妈家里兄弟姐妹众多，是一个有着二十九口人的大家庭。每次寒暑假回到内蒙古鄂尔多斯老家，家里都热闹非凡，多多大姨、舅舅家的孩子们也会陪多多一起玩得不亦乐乎。每次到了要离别时，多多就会非常失落："为什么大舅家有两个孩子，我们家就我一个？"甚至有一次，在准备返回杭州的前一天，一家人热热闹闹地吃过饭后都要睡觉了，多多悄悄地把我拉到房间说："妈妈，要不我们现在就走吧，不然我都不想回杭州了。"说着就哭了起来，看样子很不想和家人分离。

见此情景，多妈感触颇多，就想是不是要满足多多的愿望，不管有多大压力，再生一个二宝来陪多多一起长大。我问多多："如果你有了弟弟妹妹，妈妈就没那么多时间陪你了，怎么办？还有，咱们家就这点粮食，你罐子里的饼干可能需要分一半出来给弟弟或者妹妹吃，你愿意吗？"面对这种无聊的问题，每次多多都会很认真地回答："我自己会带他玩，给他介绍我们这个大家庭，我不会和他抢吃的。你和爸爸也不用操心……"

还有一次，多多自荐要帮邻居家的小朋友照顾妹妹，让大家看看他行不行，还有模有样地推着妹妹的婴儿车走来走去。看来，他是真的想要一个二宝做伴啦。

某天早晨，一个快乐的"熊猫家庭"出现在了餐桌上。这道创意早餐用无所不能的鸡蛋和鹌鹑蛋制作而成。看到两只可爱的熊猫宝宝，多多开心地说："哈哈，妈妈已经答应我啦，你看有两个孩子一起陪你，多好啊！"多妈开始认真思考这件事情……

BREAKFAST NUTRITION / 早餐营养

鸡蛋：

优质蛋白质的来源。蛋黄是蛋类中维生素和矿物质主要集中的部分，并且富含卵磷脂和胆碱，对健康十分有益。鸡蛋只有熟吃才能充分吸收其中的营养成分。生蛋清含有蛋白酶抑制剂、生物素结合蛋白和卵黏蛋白等物质，会阻碍人体消化、吸收蛋白质，加热后这些成分会失去活性。

芦笋：

春天的时令蔬菜。值得一提的是，它的含硒量高于一般蔬菜，接近蘑菇，甚至是海鱼海虾。绿笋的营养价值高于白笋。

海苔：

海苔都属于紫菜类，但紫菜并不都是海苔。海苔富含B族维生素，尤其是核黄素和烟酸，各种矿物质的含量也很丰富，尤其是富含硒和碘，有利于儿童的生长发育。但是海苔多为紫菜烤熟之后添加调料的零食，口味较重，不宜让孩子多吃。

BREAKFAST STEPS

早餐步骤

主要材料：鸡蛋、鹌鹑蛋、海苔、芦笋、烤肠

步 骤：

1. 先把鸡蛋和鹌鹑蛋煮熟，放冷水中浸泡片刻，再剥壳。把鸡蛋和鹌鹑蛋的一面切去一片，分别固定在盘子上。

2. 用海苔片剪出熊猫的耳朵、眼睛、鼻子、胳膊和腿的形状（如前面图所示）。

3. 把剪出来的各部位贴在剥好的鸡蛋、鹌鹑蛋上。

4. 把焯过水的芦笋放在熊猫旁边摆盘，代表竹林。

5. 另起油锅，爆炒芦笋和烤肠，放在熊猫一家的下面装盘。

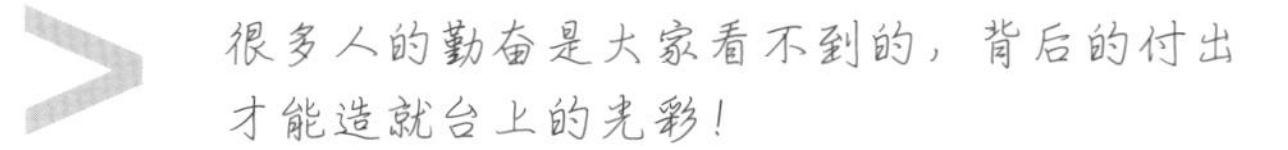

很多人的勤奋是大家看不到的，背后的付出才能造就台上的光彩！

JIAOZI'E
饺子鹅

鹅鹅鹅，
曲项向天歌，
白毛浮绿水，
红掌拨清波。

骆宾王的《咏鹅》朗朗上口。当多多在课本上学到这首儿时的启蒙诗时，第一次觉得很有成就感——不需要刻意背诵就能脱口而出，仿佛一下子觉得自己很有学识，很是“得意扬扬”，背起诗来小脑瓜还直摇晃。看到小孩子有这样的自豪感，为了给他一些小小的褒奖，多妈创作了一份“咏鹅”主题的早餐，来进一步加深多多对这首诗的理解和对学习古诗的兴趣。

原本多妈是想用饭团来做鹅的身体部分，可是早上多多特别想吃煎饺，多妈才发现用煎饺做鹅的身体真是再适合不过了。家里正好有一个湖蓝色的盘子，再搭配上粉红色的水萝卜皮做的荷花、猕猴桃切片做的荷叶，很有一种天鹅湖的意境，简直是绝妙搭配！

多多揉着眼睛起床后，看到盘子里的两只饺子鹅，一下子就活跃起来，先是褒奖妈妈的手艺，而后又大声诵读起来：“鹅鹅鹅，曲项向天歌，白毛浮绿水……咦，红掌呢？”多多忽然一本正经地说，“妈妈你忘记做鹅的红掌啦！”这小子观察得还很仔细。于是多妈就解释说：“红掌在水中呢，所以看不见，哈哈哈！”

“多多，想想看，鹅在水里的姿态是不是很优美？”

“当然优美了！”多多毫不犹豫地说，“像水中的公主一样，想去哪里就去哪里。”

“很多人只看到鹅在水中无拘无束的样子，很少有人会想到它在水下快速拨动的红掌，只有红掌不停地拨动，鹅才能随意控制自己的身体，想去哪里就去哪里。就像我们身边的很多人，他们的努力不一定所有人都能看到，但只有不停地努力奋斗，才能距离幸福美好越来越近，而且还不失怡然的优雅气质。妈妈希望你能真正明白勤奋的深刻道理。”

BREAKFAST NUTRITION / 早餐营养

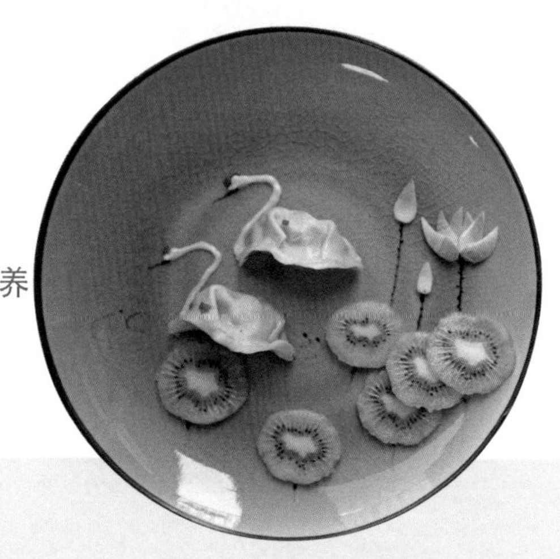

水萝卜:

中文的学名是玄参。口感爽脆，水分含量大，很多人喜欢直接将其当水果食用，或做凉拌菜。水萝卜含有丰富的维生素 C，可以提高身体的免疫力，促进钙的吸收。

巧克力:

根据成分的不同，巧克力可分为黑巧克力、白巧克力和牛奶巧克力。黑巧克力的糖分含量低，可可含量高，口味不甜，甚至有些苦，但可以提高机体的抗氧化能力，能预防一些心血管疾病和低血糖。白巧克力不含可可粉，只有可可脂和牛奶，所以口感偏甜。而牛奶巧克力，则是在黑巧克力的基础上添加一定量的牛奶，获得均衡的口感，最受小朋友喜爱。巧克力中的营养素可以增强大脑的活力，但是巧克力属于高热量食物，脂肪含量高，蛋白质含量低，儿童要少吃。

番茄酱:

番茄酱是新鲜成熟的番茄经过除皮、去籽、打浆、浓缩、杀菌之后加工而成的，它很好地保留了番茄中最重要的番茄红素和 B 族维生素，还富含膳食纤维和果胶。相比新鲜番茄，番茄酱中的营养物质更容易被吸收。

BREAKFAST STEPS

早餐步骤

主要材料：煎饺、沙拉酱、巧克力酱、番茄酱、水萝卜、猕猴桃

步骤：

1．水萝卜去皮，把皮刻成荷花花瓣的形状，摆盘。

2．猕猴桃去皮切片，摆盘，代表荷叶。

3．巧克力酱装入裱花袋，把裱花袋的一角剪个小口，然后在荷花下面画出荷花茎。

4．把煎好的饺子放在盘子合适的地方，再把适量的沙拉酱装入裱花袋，在煎饺的前面画出鹅的曲颈，最后用番茄酱点缀一下。

> 做一只自由奔跑、斗志满满的狮子。

JUZI SHIWANG
橘子狮王

在一个悠闲惬意的周末，我们带着多多去了动物园。多多一路上情绪高涨，非常兴奋，一边看动物一边叽叽喳喳地说个不停。可是，当看到被关在笼子里的狮子无精打采的样子时，多多突然沉默下来。过了一会儿，他仿佛想到了什么似的，歪着小脑袋疑惑地问："妈妈，那些关在笼子里的狮子怎么和在《人与自然》节目里看到的狮子感觉不太一样？和童话里威风凛凛的狮子感觉也不一样？"被问得有些蒙的多妈很惊讶，在给多多解释的时候，多妈也在想，因为被关在笼子里，有人按时喂养，所以动物园里的狮子失去了本来的野性和自由，大部分时间就只能睡觉，就像一个失去了斗志的国王。

狮子的这个处境给多多留下了深刻的印象。回来后我用最简单的食材——橘子、乳酪、海苔等创作了一道狮子水果餐。多多看到早餐的时候，立刻就想起了去动物园的经历。他说："妈妈，我觉得动物园里的狮子很可怜，不像你做的这只狮子还有笑脸，也不像《动物世界》和《人与自然》里的狮子那样活泼、自由。"我顺着他的话说："很多时候，人类的一些行为会让很多本来威风八面、自由自在的动物离开它们的家园，给它们看似安逸的饲养生活，但是这种束缚会让动物失去天性，失去斗志，也失去了威风。保持天性，自由呼吸，无论对人还是对动物而言，都是必不可少的……"多多好像听懂了，若有所思地点了点头。

BREAKFAST

NUTRITION / 早餐营养

橘子：

生活中最常见的水果之一，可以说全身都是宝。橘皮、橘核、橘叶都有药用价值。橘肉含有维生素 C，还含有丰富的柠檬酸，不仅能增强机体的代谢，促进食欲，而且能促进钙和磷的吸收。橘络有止咳化痰的作用，并且富含维生素 P。

乳酪：

和酸奶相似，都是通过发酵制作的奶制品，含有对身体有益的乳酸菌，但是乳酪的乳酸菌含量更高，营养价值更丰富，被称为“奶黄金”。乳酪是优质蛋白质的来源，同时钙、磷的含量也很高。钙是身体所需最多的矿物质，几乎所有的生命过程都需要钙的参与。学龄儿童及青春期的孩子的骨骼处于快速生长时期，骨骼中恒定的钙磷比是 2 ∶ 1，而乳酪不失为最好的补钙食物之一。

杂粮：

《黄帝内经》中早就提到过“五谷为养，五果为助，五畜为益，五菜为充”的饮食多样化原则。杂粮主要是指没有精加工过的谷物，如小米、燕麦、玉米、荞麦等。杂粮相对于精致米面，很好地保留了谷皮、糊粉层和谷胚，其中含有丰富的不可溶性纤维和丰富的 B 族维生素，对于预防肥胖、糖尿病和心血管疾病有很大的帮助。

BREAKFAST STEPS

早餐步骤

主要材料：橘子、MM 豆、乳酪、海苔、巧克力酱

步 骤：

1．橘子剥皮取瓣，在盘子里摆成狮子头的形状。

2．用可乐瓶盖在乳酪片上刻出两个圆形做狮子的脸颊，用巧克力酱点出斑点。

3．用海苔剪出狮子的胡须、鼻子和嘴巴的形状，然后将其放置在狮子的脸颊上。

4．取两颗 MM 豆做眼睛，用巧克力酱点睛。

5．最后用巧克力酱画出狮子的身体和尾巴轮廓，用橘子皮剪一个可爱的领结和尾梢即可。

> 记住童年的快乐，这是最美好的时光。

每次看到羊，总能让多妈想起小时候在内蒙古老家生活的情景：蓝天、白云、沙漠、羊群……过年的时候，母亲到羊圈看一眼，回屋就能用红纸剪出一个羊头来做窗花。今天我之所以这么喜欢做手工，应该就是遗传了母亲心灵手巧的优良基因。

2015 年元旦，多妈把卷毛羊早餐端到多多面前的时候，又一次对他讲起了小时候在内蒙古的生活。希望妈妈成长的故事能伴着多多，开始新的一年。

“妈妈小时候生活在农村，那里天高地阔，头顶上是蓝天白云，身边牛羊成群。妈妈放学之后先帮姥姥把家务做完，然后就可以到外面肆意……放羊，高兴了还可以骑着头羊跑一段，妈妈那时还小，不敢骑马。放羊累了，让羊群优哉地在旁边吃草，我就偷个懒儿到林子里采野蘑菇，回家煮汤喝。最高

JUANMAO YANG

卷毛羊

兴的就是过年的时候，全家人围着火塘吃饺子，烤全羊，通宵达旦地守岁……只不过现在内蒙古老家已经很少有人养羊了，我小时候遍地牛羊的景象早已消逝不见。妈妈的童年也一晃而过，真想再回到小时候呀。看，盘子里这只卷毛羊就是妈妈小时候的最爱。”

多多很喜欢听多妈讲小时候的故事，他看着盘子里的“卷毛羊”说：“妈妈，我也想骑着卷毛羊去林子里采蘑菇，我也很想回你的老家，虽然没有羊群了，但是老家好热闹。”

提子：

提子的热量很高，皮和籽含有抗氧化的物质。提子中的糖类是葡萄糖，葡萄糖是机体代谢所需能量的主要来源。市面上的提子大部分存在农药残留问题，如果连皮吃，在吃之前一定要清洗干净。

山楂：

生吃或做成果脯，干制后可以入药。山楂是果胶含量（约含 2%）最高的水果，只需要加糖熬煮，就可以自动凝成山楂冻。果胶可有效控制血脂和血糖的上升，还可以帮助人体排除食物中多种污染物质，如铅、镉等。

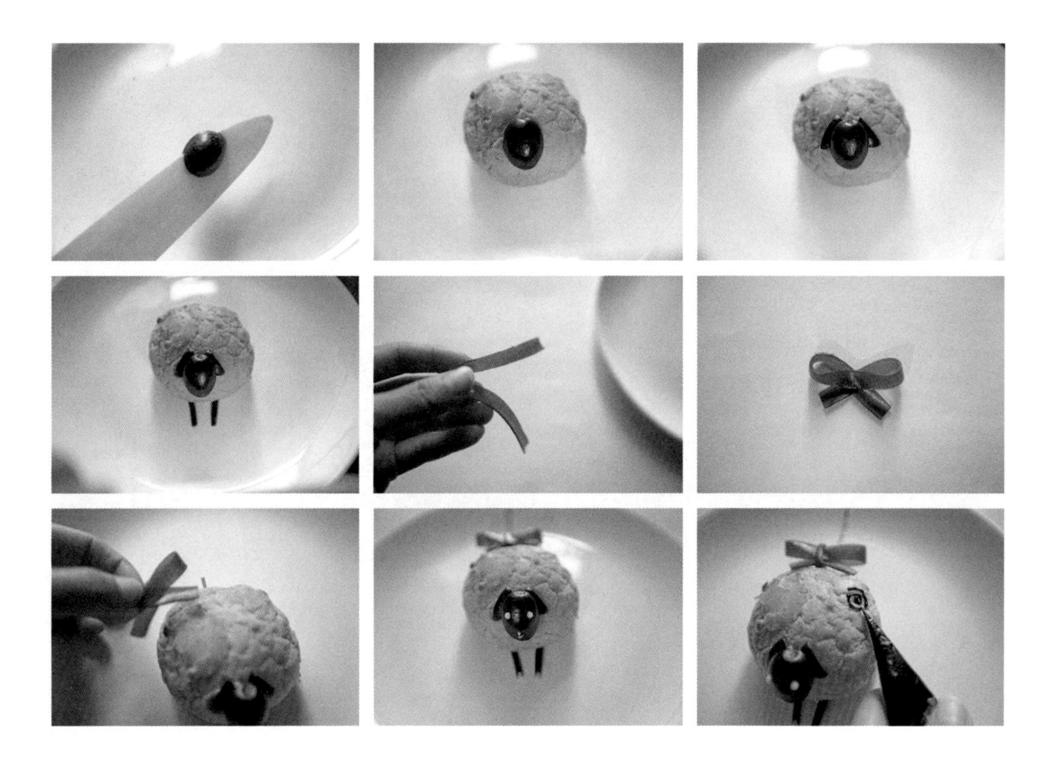

BREAKFAST STEPS

早餐步骤

主要材料：菠萝包、提子、山楂卷、巧克力酱、沙拉酱

步 骤：

1. 提子切掉三分之一后，剩下的用牙签固定在菠萝包上，用来做小羊的脑袋。把切下来的那三分之一的提子再对切一次，如图所示摆放成小羊的耳朵。

2. 再取一颗提子，取最长的部分，做成小羊的腿。

3. 剪下一条山楂卷，做成蝴蝶结的样子，用牙签固定做小羊的尾巴。

4. 用裱花袋装入巧克力酱，在菠萝包上画圈圈做成小羊的卷毛。

5. 用生菜做草地，最后用沙拉酱点睛。

多多，希望我们能继续共同探讨，发现和创造生活之美。

多妈早期的创意早餐，是从“摆造型”的阶段慢慢开始的，这种简单的创意只需要借助食材本身最原始的特色，因材施用，不需要过多的工具和繁复的加工，最适合跟孩子一起用“搭积木”的思路来“摆”出自己心目中的动物或植物造型。这道水果早餐比较简单，就是用苹果、葡萄、黄瓜和猕猴桃等切片摆盘，在摆盘的过程中，多妈还不断跟多多商量：“孔雀的翅膀用苹果还是橙子啊？它的尾巴最漂亮，是不是要多选几种颜色的水果来

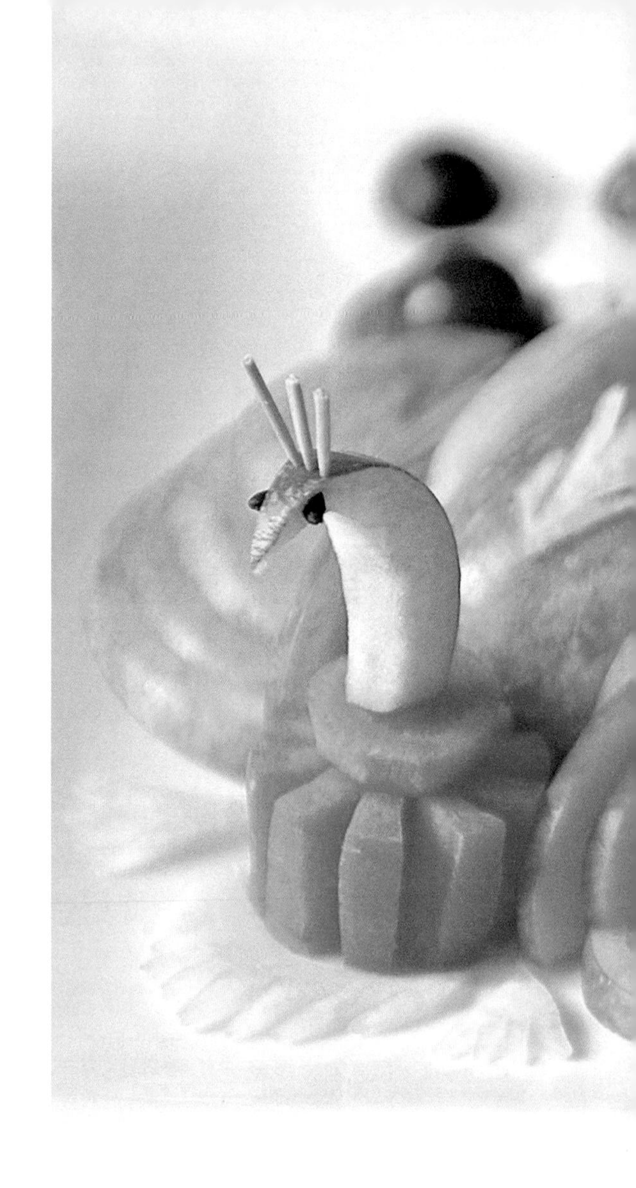

KONGQUE KAIPING

孔雀开屏

呈现？”多多一会儿试试猕猴桃，一会儿试试葡萄，终于确定了它们的摆放位置。花费半个小时的晨起光阴，能给多多一个动手、动脑和创造美的机会，还能带给他一份小惊喜或者一些小启发，多妈就觉得内心深处充满了幸福。能够留下温馨的亲子生活的记忆，比什么都珍贵。

当多多看到各种水果摆在一起，居然还能像一幅画时，他立刻跃跃欲试地想把它画下来了。“多美的孔雀呀！”多多的笑容充满了对自己参与的摆盘创意的赞赏。这样的效果，对多妈来说真是充满了巨大的成就感。跟多多一起兴致勃勃地一点点吃完水果餐，从口中甜到心里。

BREAKFAST
NUTRITION / 早餐营养

苹果：

维生素含量并不算高，但是含有钾、果胶、槲皮素、原花青素、儿茶酚、表儿茶酚、根皮苷、绿原酸等多种保健成分，且热量较低，是公认的健康水果。常吃苹果有利于清洁口腔、保护牙齿。苹果是水果中含锌量最高的，锌是人体内许多重要酶的组成部分，是生长发育的关键元素，锌元素缺乏会导致生长发育期的孩子食欲降低并且发育迟缓，所以学龄期的孩子更要注意补充锌元素。

葡萄：

既美味又有很高的营养价值。成熟的浆果中含糖量高达10%—30%，且以葡萄糖为主，同时含有钙、磷、钾、铁等矿物质以及多种维生素和氨基酸。值得一提的是，葡萄皮中的白藜芦醇对预防心血管疾病和癌症有一定作用。

黄瓜：

含有多种维生素、糖类以及钾盐等物质，解腻爽口。

猕猴桃：

也叫奇异果，含有丰富的矿物质，微量元素的含量也非常全面，还含有胡萝卜素和多种维生素。在低钠高钾的水果中，猕猴桃因为比香蕉和柑橘含有更多的钾而位居榜首。

BREAKFAST STEPS

早餐步骤

主要材料：黄瓜、猕猴桃、胡萝卜、苹果、葡萄、彩虹糖

步骤：

1. 把所有食材切片。

2. 先把苹果片堆成孔雀的身体，再把苹果削成带弧度的形状做孔雀的脖颈和头，用苹果籽做孔雀的眼睛。

3. 头颈下面用胡萝卜来固定。

4. 最后把剩下的水果片按照大小、颜色摆成孔雀开屏的样子点缀上彩虹糖即可。

虽然平凡，但要执着做自己。

LABAHUA

喇叭花

近日，小区附近的喇叭花开了。我每天送多多上学时，都会经过那丛开得淋漓尽致的喇叭花。多多很喜欢喇叭花，每次经过那里都会停下来观赏一会儿。多妈跟多多讲，喇叭花又名夕颜，朝开夕落，从含苞到绽放，从萎缩到飘落，只有短短一天的时间，但它每天都执着地花开花谢，从来不曾消极对待。怒放时，放肆地怒放，从不去想下一刻即将到来的消亡。虽然平凡，虽然不及其他养在室内的花名贵艳丽，但它那坚强、朴实的品质，正和我们这些平凡而又执着的普通人一样。

为此，多妈还特意做了一道“喇叭花”早餐。这是我非常喜欢的一个早餐作品，就地取材用了猕猴桃本身的截面效果，外形稍微做了点切割修形，猕猴桃的截面效果立刻就显得很有韵味。当时灵机一动，加上了一些果酱做的叶子和藤，居然有了些许国画的感觉。每当有这样“灵机一动”的时候，早餐不仅满足了儿子的喜好，也成了多妈爱不释手的一种情感抒发和创作灵感的表达方式。由于要拍照留下这些很有意思的点滴，多妈只顾着一通狂拍，居然忘记了一直等在边上的多多。等得实在忍受不了的多多说：“妈妈，这三朵喇叭花的确很美，但是你再不让我吃，它们就该凋落了……”哈哈！其实这才是创意早餐最重要的方面，是一种生活态度，也是一种生活习惯，更是一种慢慢理解了生活的心境。

猕猴桃：

猕猴桃的脂肪含量很低，并且没有胆固醇。一个猕猴桃就可以提供人体每日所需两倍多的维生素 C。不过，吃太多猕猴桃会降低消化能力，引起消化不良。没有熟透的猕猴桃中的蛋白酶和草酸对口腔和消化道有一定刺激。

酸奶：

酸奶分为两类：一类是纯酸奶，或者叫原味酸奶、发酵乳，是将牛奶加入糖（或无糖）、乳酸菌种和增稠剂（或无增稠剂）发酵而成的产品；另一类是调味酸乳，加入了果汁、果粒、谷物、椰果等，通常含糖量高于原味酸奶。酸奶和牛奶在补充蛋白质、钙和 B 族维生素方面的差别不大，但是酸奶中的乳酸菌更有利于消化，而且酸奶没有经过高温处理，只是在四十二摄氏度下发酵，营养价值得以全部保存。含糖量低、蛋白质含量高的原味酸奶是非常好的乳制品选择。

BREAKFAST STEPS

早餐步骤

主要材料：猕猴桃、黄瓜

步骤：

1．将猕猴桃切片，根据猕猴桃心的形状来修切外形，使其更像真实的喇叭花。

2．将黄瓜切片整形成花托，黄瓜皮做成花蒂的样子。

3．用巧克力酱画出喇叭花的叶子和藤。

4．最后，搭配酸奶和蛋糕。

> 用心观察，就能看出平凡中的不平凡。

多妈在阳台上养了一盆蓝莓。蓝莓开始开花了，今天一簇，明天两簇的，越开越多。多多每天都要去阳台看一下蓝莓，给蓝莓浇浇水，催催它早点结果。终于，在多多的诚心和耐心等待中，蓝莓结果了，小果实从青白色慢慢地变成粉色，最后变成了深紫色。蓝莓终于成熟了，多多小心翼翼地摘了一颗品尝了一下，非常满意地大声喊：“妈妈，蓝莓可以吃啦！蓝莓可以吃啦！”多妈其实也一直期待着蓝莓成熟的这一天，便兴奋地跑到阳台上去看。多多迫不及待地又摘了一颗，对我说：“妈妈，蓝莓太好吃啦！这里有你种

LANMEI XIANGRIKUI

蓝莓向日葵

植培育的功劳，也有我天天浇水的功劳哟！我们一起来做一次蓝莓早餐吧！”看着他幸福的样子和照在他脸上那暖暖的阳光，其实我心里已经在构思第二天的蓝莓早餐了。

第二天早晨，多妈创作了这份“蓝莓向日葵”早餐，其实就是非常简单的摆盘和一些修饰，呈现出来的却是另一番效果，表达出来的是另一种情感。多多起床后看到这个大大的“向日葵”，脱口而出：“妈妈你好厉害！”紧接着送上一枚小小的香吻，瞬间让我整个心都融化了。有些时候，感动就在某个不经意间绽放了。生活中有着太多的小故事和小情感，都是值得去珍惜的成长过程。

蓝莓：

源于北美的蓝色浆果，富含花青素，具有活化视网膜的功效，能促进视网膜细胞中的视紫质再生，缓解眼球疲劳，预防近视。蓝莓中的多酚类物质和超氧化物歧化酶都是机体内重要的抗氧化剂。蓝莓中的果胶含量丰富，可以帮助调节肠道内的菌群平衡，同时促进肠道内的有害物质代谢。蓝莓还具有防止脑细胞老化，增强人体免疫力的功能，是联合国粮食及农业组织推荐的五大健康水果之一。

BREAKFAST STEPS

早餐步骤

主要材料：蓝莓、巧克力酱

步 骤：

1．把蓝莓密集地摆成圆形，作为向日葵的花盘。

2．外面用巧克力酱画出向日葵的花瓣、花枝和叶子轮廓即可。

3．最后，搭配酸奶和鸡蛋饼。

希望多多记住家乡的样子。

KUBUQI DE LUOTUO

库布齐的骆驼

每次回内蒙古的外婆家，对多多来说都是件特别开心的事情，他可以尽情地在库布齐沙漠中撒欢儿奔跑。记忆中内蒙古老家有大片大片的沙漠，冬天树木凋零，寒冷的沙漠似乎也被冻住了；而夏天到来时，整个沙漠仿佛也重焕活力。

沙漠对小孩子的吸引力有多大，只有亲身去了才知道，那里就是他们的天堂。不必担心弄脏衣服，跌倒都是一种极大的享受，滚沙堆、骑骆驼、堆沙子、建城堡、在沙地上写字画画，想出各种办法去逮那些不知名的呆萌可爱的小生灵……孩子们的想象力在这里立刻会变得不一样。

沙漠是一幅美丽的画卷，也是非常好的创作题材。每每从沙漠回来后，多多总会把所见所闻挂在嘴边，不停地讲有哪些好玩的，自己又是怎样玩的。既然孩子有这么强烈的场景感受，我决定要把儿子印象深刻的所见所闻做成一道让他惊艳的盘中餐，于是，就有了这个沙漠、骆驼和仙人掌的早餐作品。把儿子美好的记忆用这样的方式呈现在盘子里，多多惊讶和欣喜的眼神告诉我他有多开心。这份早餐很好地让多多加深了对家乡沙漠的印象，记住了沙漠中的开心故事和妈妈的成长经历。

BREAKFAST NUTRITION / 早餐营养

香梨：

香梨含有较高的糖分和多种维生素，易被人体吸收，促进食欲。多吃梨可以改善呼吸系统和肺功能。中医认为梨子有生津、润燥、清肺热的作用。

小番茄：

又叫圣女果、樱桃番茄，是西红柿的品种之一。既是蔬菜，又可作为水果食用。小番茄含有丰富的胡萝卜素、番茄红素、维生素、果胶等营养成分，可以促进儿童的生长发育，增强机体抵抗力。

肉松：

猪肉、鸡肉、鱼肉等瘦肉经过煮制、绞碎、调味、炒松，再加入油脂和调味品后制成，适合储存携带。但因为加工过程中反复炒制破坏了维生素B，蛋白质的氧化也很严重，这样会丢失肉类本身的营养，又添加进去更多的糖、盐等增味剂和油脂，所以并不适合多吃。

BREAKFAST STEPS

早餐步骤

主要材料：蛋糕、肉松、香梨、蓝莓果酱、小番茄

步 骤：

1. 先把蛋糕切成一厘米的厚度，修剪出骆驼身体的形状，再做四条腿和一条尾巴。

2. 用蓝莓果酱点缀出骆驼的五官和驼峰。

3. 再用肉松摆出起伏不平的沙漠。

4. 切一片香梨出来，用刀刻出仙人掌的样子，再用蓝莓果酱点出仙人掌的刺，放在沙漠上。

5. 最后用小番茄做成太阳。

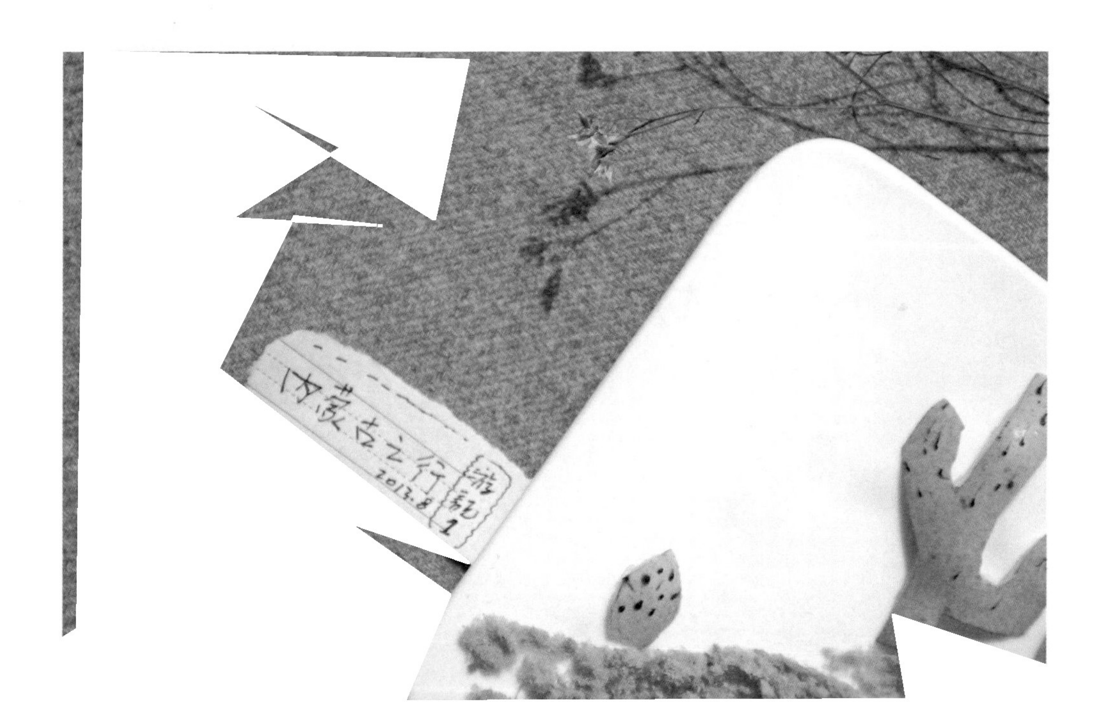

希望多多记住家乡的样子。

多妈做过很多猫头鹰系列的早餐。之所以让猫头鹰“飞”入餐盘，是因为多妈对这种充满神秘色彩的毛茸茸、大眼睛的呆萌动物有种莫名的好感。多多也许是受了我的影响，对猫头鹰也充满着各种想象。我们经常探讨猫头鹰的来历以及那些与猫头鹰相关的神秘故事。在一些奇幻小说中也有很多情节是关于猫头鹰的，我经常给多多讲猫头鹰的故事。后来多多看的第一部长篇小说就是《哈利·波特》，反过来告诉我里面魔法界的信使就是——猫头鹰。

我做的这道早餐是一只优雅的“猫头鹰小姐”。当这份早餐出现在多多面前的时候，多多立刻回想起了我们聊过的那些关于猫头鹰的故事。正好当天早晨起床比较早，多多不急不慌、仔仔细细地欣赏了一番这位可爱的猫头鹰小姐，还顺便编起了情景小故事，很

MAOTOUYING XIAOJIE

猫头鹰小姐

有创意。“这位猫头鹰小姐可能就是《哈利 · 波特》里面那只猫头鹰信使的老婆，只不过它看上去有些困了，估计是昨天晚上帮信使猫头鹰老公做饭，没睡好觉。”我听了扑哧一笑，看来上次我抱怨老公的话被多多拿来嘲笑妈妈了。我便顺着这些小故事告诉多多一些道理：“不要惧怕黑暗，要竖起耳朵，睁大眼睛，就像动画片《猫头鹰王国：守卫者传奇》中那只生活在仓鸮森林里的猫头鹰诺克图斯一样，做自己的守护者。”这是非常好的一个早餐启发引导过程，不仅打开了儿子的思维，同时也让他懂得了一些做人的道理。

BREAKFAST NUTRITION / 早餐营养

红豆：

红豆含有丰富的维生素 B_1、维生素 B_2、蛋白质和多种矿物质，有健脾除湿的作用。红豆提供的蛋白质中赖氨酸含量较高，适合搭配其他谷物类主食做成豆饭、豆粥，可以提高蛋白质的利用率。从食物营养成分看，豆类中的铁含量的确较高，但是豆类当中的植酸和多酚类物质会延缓蛋白质和淀粉的消化与吸收，从而降低矿物质的吸收率，所以并不能作为铁等矿物质的主要饮食来源。

哈密瓜：

含有丰富的果酸、果胶、维生素和矿物质。哈密瓜中的抗氧化剂可以有效增强皮肤细胞的防晒能力，减少皮肤黑色素的形成。哈密瓜中钾的含量较高，钾元素对于维持心率、血压正常以及缓解肌肉疲劳都有很好的作用。

BREAKFAST STEPS

早餐步骤

主要材料：红豆车轮饼、红提、哈密瓜

步骤：

1．先在盘子上摆放两个红豆车轮饼，做猫头鹰的眼睛。

2．再用巧克力酱画出猫头鹰的眼睛和眼周的装饰，以及猫头鹰的耳朵和尾巴。

3．把哈密瓜切成树叶形状，交叉叠放成猫头鹰的翅膀。再用哈密瓜切出爪子。

4．把红提放在两个红豆车轮饼之间，做成猫头鹰的嘴。

5．最后，搭配粥、哈密瓜等。

> 和妈妈一起重温美好的童年。

直到现在，多妈还是很怀念农村的生活，小时候那些“鸡飞狗跳”的日子时不时会从记忆中跑出来。那时候家家户户都养鸡，母鸡下蛋的时候，咯咯嗒地叫个不停。多妈还曾经观察过很长一段时间母鸡孵小鸡的过程。

那是一只白褐色相间的母鸡，每天悠闲地在院子里散步找食吃。有段时间，它每次一吃完东西就回窝卧着去了。我偷偷地往鸡窝里看，才发现原来它正在一动不动、安安静静地孵蛋，不急不躁，十分有耐心。连续观察了二十多天后，一只只毛茸茸的小家伙破壳而出，有一只还是在我

FUDAN DE JI MAMA

孵蛋的鸡妈妈

妈妈的帮助下把蛋壳抠破了才出来的。当了妈妈的母鸡护崽心切，还奓着翅膀要冲过来啄人。当时还是孩子的我看到这一切，感觉这简直就是个奇迹。自从小鸡们出壳后，这位鸡妈妈便经常挺着胸脯骄傲地走着模特步，绒球似的小鸡便会跟在它身后。鸡妈妈发现哪里有吃的东西就立刻咕咕地召唤孩子们来吃，眼神里满是关爱。

现在住在城里的孩子看上去比我们小时候幸福，但却少了田野的自由和童年的乐趣。于是，多妈用蛋炒饭做了一道“鸡妈妈孵蛋”的早餐，想让多多也能感受一下妈妈的童年乐趣。多多果然对这个画面充满了兴趣，还提了各种各样的问题，比如，“偷看鸡妈妈下蛋会不会打扰或者吓到鸡妈妈？”多多觉得妈妈的童年简直就像天天去游乐园一样的快乐。其实，无论多妈怎样描绘和形容那些场景和故事，都不如带着孩子一起去偷看一次鸡妈妈孵蛋，那样孩子的体会才能更深刻些。我们的确该带着孩子多去体验各种各样的生活方式，让孩子的童年充满多彩、快乐的经历。

炒饭：

炒饭中不仅加入鸡蛋，还加入了很多蔬菜，如黄瓜、洋葱、胡萝卜，这种搭配让简单的米饭从颜色到味道都发生了变化，营养也更加均衡，是很好的早餐之选。

洋葱：

洋葱含有前列腺素 A，能降低血液黏稠度和外周血管的阻力，起到降血压和预防血栓形成的作用。洋葱还含有特殊的营养物质槲皮素，可以有效防止低密度脂蛋白被氧化，从而预防动脉粥样硬化。此外，洋葱中还含有植物杀菌素，如大蒜素，有很强的杀菌能力，能预防感冒。紫皮洋葱的营养价值更高。

洋葱组织破损后能迅速产生具有极强催泪作用的挥发性含硫化合物。为了减少处理洋葱时的刺激，可以把洋葱进行冷却来降低酶的活性——从冰箱取出后趁冷的时候切，不会辣眼睛。辣味物质可溶于水，用水冲洗刀的两面之后再切洋葱，也可以减少催泪作用。

BREAKFAST STEPS

早餐步骤

主要材料：鸡蛋、米饭、黄瓜、火腿肠、洋葱、鹌鹑蛋、胡萝卜、巧克力酱、沙拉酱、黄瓜、红苹果、牛肉番茄土豆羹

步骤：

1．把黄瓜、胡萝卜、火腿肠和洋葱切成丁，和鸡蛋、米饭一起做成蛋炒饭。

2．把做好的蛋炒饭放入盘中，用勺子按压成母鸡的外形。

3．把红苹果皮刻成鸡冠，用胡萝卜片做出母鸡的嘴巴和尾巴。

4．把黄瓜刻成眼睛的形状，再用巧克力酱点睛。

5．黄瓜切条，做成鸡窝状，再把煮熟的鹌鹑蛋放在母鸡身体的下面、“鸡窝”的上面。

6．用胡萝卜做成太阳，沙拉酱做成云朵即可。

7．最后，搭配已经炖好的牛肉番茄土豆羹。

不让无法改变的环境影响我们的心境，
做真正自由、释放自我的人！

TU MAMA HE BAOBEI ZAI YU ZHONG

兔妈妈和宝贝在雨中

杭州的初春，百花齐放，五彩缤纷，娇媚明艳。想想当初刚来杭州，多妈最不喜欢的就是春天，因为经常会一连多日阴雨绵绵，心情也会很糟糕。然而时隔多年，也许是心态变得不一样了，也许是孩子给我带来了很多欢乐，无论雨晴，多妈都能和孩子一起，找到自己满足与喜欢的点。和妈妈不一样的是，多多小朋友很喜欢春天，尤其喜欢在小雨天不打伞，淋着雨乱跑，踩水花，有时还故意扮成小兔子藏在草丛后面玩躲猫猫。那爽朗的笑声也感染了多妈，多妈也不忘扮作一只小兔子和多多玩耍，于是雨天就变得格外有趣。

多多是个热情的小朋友，喜欢有伴儿的生活。这一餐是他在休息日和妈妈一起做的。有了多多的参与，会增加很多意想不到的新想法和新故事。多多对此场景的解释是："打着伞的大奶黄包是妈妈，旁边的两个小鹌鹑蛋是多多和未来的妹妹。爸爸去哪儿了？爸爸不怕雨淋，正在为我们拍合影呢！"哈哈！很有意思的想法，充满了想象力，快乐生活就是如此简单。

BREAKFAST NUTRITION / 早餐营养

西蓝花：

西蓝花作为深色蔬菜，除了含有新鲜蔬菜所富含的维生素、矿物质、膳食纤维、叶酸、钙、镁、钾外，作为十字花科植物，它还富含植物化合物，如异硫氰酸盐。植物化合物有很多生理功能，主要表现在抗氧化、调节免疫力、抗感染、降低胆固醇、预防和治疗癌症等方面。

黑米：

珍贵的稻米品种。比普通稻米含更多的维生素 B、维生素 E 和钙、镁、钾、铁、锌等营养元素。黑米富含花青素，具有清除自由基、改善缺铁性贫血和调节免疫功能等多种保健功能。同时，黑米中的类黄酮化合物可以维持血压和血管的正常功能。黑米即使经过精加工，各类营养物质也能得到很好的保留。

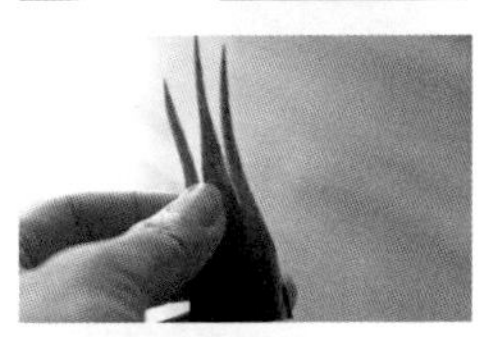

BREAKFAST STEPS

早餐步骤

主要材料：奶黄包一个、鹌鹑蛋两颗、台湾青枣、橙子、黄瓜、胡萝卜、草莓、蓝莓、白萝卜、西蓝花、黑米

步骤：

1. 奶黄包用三粒黑米点眼睛和鼻子。
2. 胡萝卜切片，再切个三角做小嘴巴。
3. 用海苔剪出圆形，作为眼睛，半月作为嘴巴。
4. 把白萝卜的表皮切片，修出耳朵的形状。
5. 把奶黄包和鹌鹑蛋的顶部切口，把修出的耳朵插入。
6. 用黄瓜修出草的叶子形状。
7. 西蓝花下面用牙签和黄瓜固定，把黄瓜切成可以放稳的立柱。
8. 前后错落布置，修一些花、草、鸟之类的，分别用牙签固定，把橙子切下顶部，用吸管插到青枣上固定，一个完整的场景餐呈现了。

> 这个世界需要我们善用发现的眼光，享受再加工的美好！

圆形的食材偏多，有很好的造型基础，很适合进行再加工，做创意造型，关键在于要把这些圆形的食材想象成为一只只可爱的小动物。有时候由于一些灵机一动的点子或想法，反而会增加很多意想不到的惊喜。

这道“乳酪猫头鹰”早餐的制作非常简单，基本保留了食材原来的样子，再用乳酪蛋糕本身的特性进行巧妙加工，最终做成了一只可爱的小猫头鹰。由于之前多多吃过很多次各种造型的猫

RULAO MAOTOUYING

乳酪猫头鹰

头鹰早餐，他已经开始对猫头鹰的表现手法有些“要求”了，这次的极简主义反而让他对妈妈赞赏有加。多妈和多多就是在这样的过程中非常自然地交流和探讨，多多也在一天天的交流中提高了审美能力，锻炼了创造性思维。这样一来，作为妈妈的我无论花费多少心思，自己都能乐在其中。

蛋糕:

蛋糕是孩子们无法抗拒的美味零食，家长往往担心蛋糕太甜会导致孩子肥胖或者患龋齿。其实可以选购小份的、糖分和色素含量少的蛋糕，而且尽量在餐前吃，同一餐中多搭配一些蔬菜和谷类、豆类食物即可。

胡萝卜:

富含胡萝卜素，经过肠道的吸收和转化可以生成维生素 A，维生素 A 在视觉保护、细胞分化和免疫应答三个方面有重要的作用。视觉方面，维生素 A 可以预防夜盲症。同时它也是骨骼正常生长发育的必需物质，有助于细胞的增殖和生长，对孩子的生长发育尤其重要。维生素 A 还能增强机体的免疫力。

BREAKFAST STEPS

早餐步骤

主要材料：乳酪蛋糕、胡萝卜、鸡蛋、巧克力酱、黄瓜

步 骤：

1．把圆圆的乳酪蛋糕顶上切掉一块，形状如下图所示，正好形成了猫头鹰的耳朵。

2．在乳酪蛋糕靠下的部位切掉薄薄的一层，形状如下图所示，正好成了猫头鹰的嘴巴和肚子。

3．巧妙地利用对切成两半的鸡蛋，做成猫头鹰的眼睛，用巧克力酱点黑眼珠。

4．用胡萝卜片切出猫头鹰的翅膀和爪子的形状。

5．最后用胡萝卜和黄瓜切成三角旗的形状，摆成挂旗，用巧克力酱画出绳子，烘托气氛。

希望你有蛇的机敏和耐心。

SHE GUNIANG
蛇姑娘

很多人都怕蛇，多妈最怕的动物也是蛇。在城市里的人很少有机会看到蛇，多妈小时候在老家的山上常常会碰到蛇，现在想想腿都会发软。蛇年到来的时候，为了给多多增添节日气氛，多妈便构思做一份可爱的“蛇姑娘”早餐。左思右想了一番后，多妈决定用草莓做一道蛇形水果餐来搭配早餐，最终的效果出来后，它看上去一点儿也不令人害怕，反而还多了一份可爱。

“多多，知道吗？蛇又称为小龙，在古代是一种受到褒扬、膜拜的圣物。中国神话传说中的动物——龙，就是蛇的图腾化产物。传说人类的始祖伏羲、女娲都是人面蛇身，华夏祖先轩辕氏黄帝也是人面蛇身。机敏、耐心是其最大的特点，所以十二生肖中才有蛇的一席之地。”

多妈娓娓道来，多多非常认真地听着。多妈讲自己遇到蛇的时候吓得不敢动一下，多多显得非常好奇，蛇怎么会那么可怕呢？还手脚并用地帮妈妈出主意怎么逃跑……哈哈！他在地上表演逃跑动作的时候，简直是可爱得一塌糊涂。在以后的成长岁月里，希望多多能有蛇的机敏和耐心，不要像多妈这样害怕蛇。

BREAKFAST NUTRITION / 早餐营养

草莓：

草莓含有丰富的维生素 C、维生素 A、维生素 B_1、维生素 B_2，还有胡萝卜素、叶酸、果胶、膳食纤维、花青素及各种矿物质，对于保护视力、促进身体的生长发育、促进胃肠道的消化都很有益处。

核桃：

核桃是一种高能量的食物，其中油脂的含量高于 40%，主要为多不饱和脂肪酸，可以改善血脂、降低心血管疾病的发病率。

沙拉酱：

研究发现，把鸡蛋做成蛋黄粉，其氧化的程度会明显上升。或者把鸡蛋做成沙拉酱这种乳化产物，和氧气接触也比较多，氧化也很严重。随着储藏时间的延长，沙拉酱中的胆固醇氧化情况也越来越严重，所以沙拉酱仅能作为配料，一定不要多吃。

BREAKFAST STEPS

早餐步骤

主要材料：草莓、MM 豆、沙拉酱

步 骤：

1. 把草莓切片，摆盘，拼成蜿蜒的蛇状。

2. 用 MM 豆做蛇的眼睛，沙拉酱点睛。

3. 用苹果皮或者胡萝卜皮刻出蛇的芯子。

4. 最后，搭配核桃、饼干和粥。

> 永远像儿时一样可爱。

乘着6月的暖风，多妈带着多多扑向西湖。在莲花似开未开的时候，摆好了阵势，多妈用相机，多多用画笔，记录下了这一天的美好。

尽兴而归后，多妈把相机里的照片导到电脑上一张一张欣赏，多多也把他画的睡莲摆到桌子上等爸爸回来欣赏。两个人一边整理自己的成果一边聊天。

多多问妈妈：“睡莲都还没开呢，为什么去看的人那么多？”

“因为刚出水的莲花，就像刚出生的小宝宝一样可爱呀！”

SHUILIAN

睡莲

多多似乎想到了什么，说："哦，我知道了！"然后他摇头晃脑地念道："小荷才露尖尖角，早有蜻蜓立上头！哈哈，看来连蜻蜓也喜欢小时候的莲花呢！"

"对啊！"我笑眯眯地回答他。

第二天，多妈用刚上市的山竹做了这份"睡莲"早餐，仿佛定格了昨天莲花似开未开的样子。希望多多记住莲花带给我们的美好。

BREAKFAST NUTRITION / 早餐营养

山竹：

山竹的果肉含有丰富的膳食纤维、糖类、维生素以及钙、磷、镁、钾等矿物质元素，对身体有很好的补益作用。山竹中还含有一种特殊物质可以清火解热降燥，用以克榴梿之燥火，食用后身体也会变得凉爽。但过量食用山竹，可能会引起便秘。

紫米：

紫米富含纯天然色素和色氨酸，清洗或浸泡的时候会出现掉色的现象，营养物质也会随之有少量流失，所以不宜用力搓洗和多次淘洗。紫米中的氨基酸含量非常丰富，还含有铁、锌和硒，经常食用对儿童的生长发育很有好处。

BREAKFAST STEPS

早餐步骤

主要材料：山竹、猕猴桃、巧克力酱

步骤：

1. 把猕猴桃去皮切片，叠加铺成荷叶状。

2. 剥出来一个完整的山竹，放在已经铺好的“荷叶”上，做成睡莲花瓣。

3. 再用半个山竹做莲花，一片猕猴桃做荷叶。

4. 用裱花袋装一些巧克力酱，画出荷花茎。

5. 最后搭配紫米粥和山竹。

在心里种一片青青草原。

SANYANG-KAITAI

三“羊”开泰

作为2015年羊年的第一份早餐，多妈一家把浓浓的祝福都寄托在这三只小羊身上。恰好多爸属羊，多多觉得这一年都是给爸爸过的，我们要让爸爸开心，就像给他过生日一样。

之前给多多讲过他还没有来到这个世界的时候，我给多爸过生日需要三天，生日前一天多爸会说：“今天不能让我不高兴，因为明天是我的生日。”生日当天多爸会说：“什么都要听我的，今天我是寿星。”过完生日的第二天，多爸也会不讲理地说：“今天得让我过得舒服，因为昨天是我的生日。”多多听了觉得爸爸超级赖皮，但好可爱！这三只羊就是我们一家三口。我们一起许个愿望：永远做快乐的绵羊，把生活过成青青草原上的童话。多多说：“爸爸是懒羊羊（平时爸爸在家就很懒），妈妈是喜羊羊，多多自己是瘦羊羊，哈哈哈！”多妈之所以这么折腾，就是想把多多养成肥羊羊。现在的多多真的有点微胖的时候，多妈又开始操心了。妈妈永远是这个世界上把你的任何变化都看在眼里的人。

BREAKFAST NUTRITION / 早餐营养

腰果:

腰果中的脂肪含量高达 47%，多为不饱和脂肪酸和亚油酸。腰果中还含有锰、铬、镁、硒等微量元素，具有抗氧化、防衰老、抗肿瘤和预防心血管病的作用。

白巧克力:

白巧克力是巧克力的一种，它不含可可粉，只有可可脂和牛奶，所以含糖量高，口感偏甜。可可脂是一种高度饱和脂肪，所以白巧克力的脂肪含量很高，不能多吃。

火腿肠:

常见的加工肉类食物，口味鲜香，便于携带，但是因为在加工的过程中会产生亚硝酸胺，同时会添加一定量的防腐剂，因此火腿肠不宜多吃，儿童尽量要少吃，食用时需搭配蔬菜和水果。

BREAKFAST STEPS

早餐步骤

主要材料：MM 豆、纸杯蛋糕、腰果、火腿肠、白巧克力屑、沙拉酱、巧克力酱

步骤：

1. 先在盘子适当的位置用巧克力酱写字。

2. 在纸杯蛋糕上挤上沙拉酱，再抹匀，之后撒上白巧克力屑，做成小羊的身体。

3. 用 MM 豆做小羊的眼睛，再插两个腰果做小羊的耳朵。

4. 取一片火腿肠，用刀在中间的位置划出舌纹。

5. 在小羊嘴巴的位置上划一条口子，把步骤 4 做成的舌头插进去，并且把舌头向下弯一下，卡在纸杯蛋糕的纸托里固定形状。

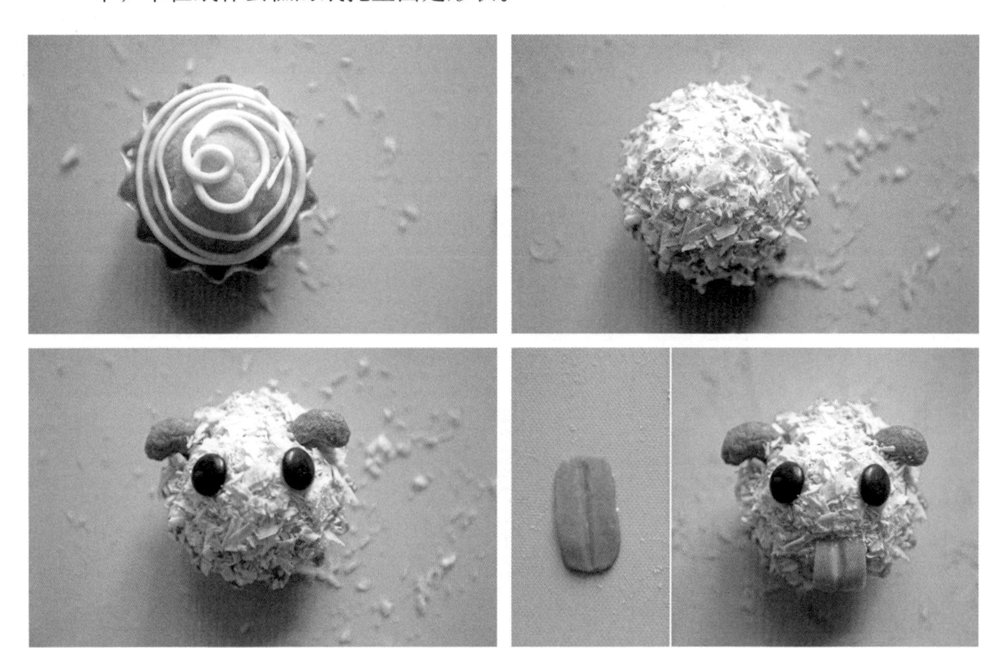

> 了解动物，感叹于世界上一切的创造，进而热爱生活！

羊驼对于中国孩子来讲还是比较陌生的。多多在闲暇时间会看娱乐节目，尤其是跟音乐相关的。有一天，他看到《蒙面歌手》里有个戴着羊驼面具的歌手，非常喜欢，说这个也是他喜欢的面具，歌手唱的也是他喜欢的歌。于是，多多就开始兴致勃勃地猜面具下面到底是谁。歌手开唱后，多多很快就叫出了他的名字。多妈就借此机会给多多普及了一通羊驼知识：尽管外形有点像绵羊，但羊驼的体重、身躯都比羊大好多，一般栖

YANGTUO
羊驼

息于海拔四千米的高原，它是骆驼科，性情温驯，伶俐且通人性，除野生品种外，还有相当数量的驯良品种。羊驼被印第安人广泛地用作驮役工具，适于圈养，是南美洲重要的畜类之一……羊驼的形象非常可爱，这让多妈萌生了给多多做一道同主题的早餐。当“羊驼”早餐被端上桌时，多多惊讶于这只“羊驼”比他看到的图片还萌，还可爱，他说这是“婴儿时期的羊驼，好干净啊”。

BREAKFAST

NUTRITION / 早餐营养

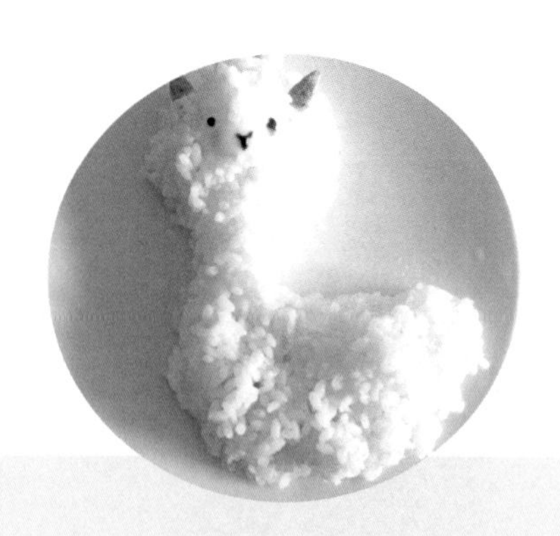

生菜：

又叫叶用莴苣，其营养价值比茎用莴苣（莴笋）高。生菜含有大量的胡萝卜素和维生素 C，以及丰富的磷、钙和氟元素，对于骨骼发育、牙齿生长都很有好处。生菜茎表皮的白色汁液中含有皂甙，用水清洗时往往会产生许多泡沫，这并不是有农药残留，而是皂甙遇水后的正常反应。

咖喱：

来自印度的一种调味品，多为肉汁或酱汁，搭配米饭或面饼食用。咖喱是以姜黄为主料，另加多种香辛料，如桂皮、茴香、八角、孜然、白胡椒、芫荽籽等配制而成。咖喱味道辛香，可以促进唾液和胃液的分泌，增进食欲，还可以促进血液循环和肠道蠕动。姜黄含有的姜黄素和姜黄醇提取物，有降低胆固醇和抑制癌细胞生长的作用。

BREAKFAST STEPS

早餐步骤

主要材料：米饭、鹌鹑蛋、吐司、巧克力酱、牛肉、土豆、胡萝卜、咖喱

步骤：

1．先把米饭放在盘子里，大概摆出如图状，做羊驼的身体。

2．取一半鹌鹑蛋，做羊驼的脸。

3．把吐司边上的部分剪出两个三角形的羊驼的耳朵。

4．用巧克力酱画出羊驼的眼睛、嘴巴，然后用番茄酱为其涂上腮红。

5．最后把牛肉、土豆、胡萝卜、咖喱做成咖喱土豆牛肉，围在羊驼周围就可以了。

珍爱生命，一个很神奇的轮回！

CAN DE TUIBIAN

蚕的蜕变

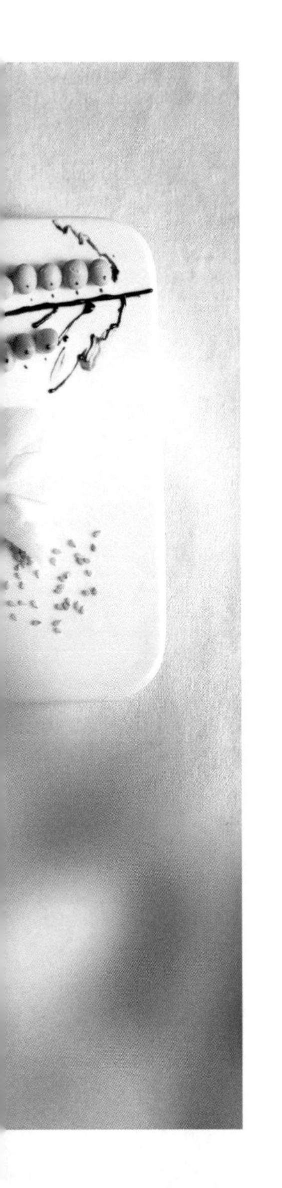

多多的科学课作业是养蚕。其实，在幼儿园时老师已经让多多养过蚕了。当时只是觉得好玩儿，现在多多已经上三年级了，知道的也比以前多，说起养蚕来头头是道。老师给每人发了几颗蚕卵，多多小心翼翼地用纸巾包了拿回家。回来后就让妈妈陪他下楼去摘桑叶，说一定要很嫩的桑叶，还要剪碎，因为蚕的嘴太小。

刚开始的幼虫非常小，完全看不见嘴巴，多多甚至用放大镜来观察。小幼虫实在太难养了，桑叶干了就需要换新的叶子，每天还要清理蚕的便便……但多多一直都小心呵护，毫无怨言。

为了配合科学课的效果，多妈特意制作了一道主题为“蚕的蜕变”的早餐。这道早餐把蚕从卵到幼虫，再从蛹蜕变成蛾的过程都呈现了出来。这样的一餐，生命的循环一气呵成，食材的创意恰到好处，多多情不自禁地夸赞妈妈好厉害。相信这样的一餐，也会成为多多印象深刻的一节课。

在玩耍中获得知识，这是多妈想给孩子的教育。只是多多现在的知识面越来越广，有时候多妈不一定能实现，比如，前几天多多提出想要三十道跟哈利 · 波特相关的早餐，这个要求瞬间就让多妈深感压力……

宝贝，妈妈想对你说，只要有时间，妈妈会一一实现你的想法。

豌豆：

豌豆中所含铜、铬等微量元素较多，有利于骨骼发育和糖、脂肪的代谢。新鲜的豌豆还富含维生素 C 和粗纤维，能促进大肠蠕动，但豌豆食用过量，会引起消化不良、腹胀等症状。

哈密瓜：

哈密瓜不但香甜，而且富含营养。哈密瓜中有丰富的糖分、纤维素，还有苹果酸等，这些成分有利于促进内分泌和改善造血机能。在每 100 克瓜肉中含有蛋白质 0.4 克，脂肪 0.3 克，矿物质元素 0.2 克，其中钙 14 毫克，磷 10 毫克，铁 1 毫克。请不要小看这 1 毫克铁，它对人体的造血功能有很大作用。

小米粥：

小米中的蛋白质含量比大米中的蛋白质含量还高。小米还富含维生素 B_1 和无机盐。其中，维生素 B_1 的含量居所有粮食之首。因此，小米有防止消化不良、滋阴养胃的功能。

苦瓜：

苦瓜因富含苦瓜素而味苦，苦瓜素能减少脂肪和多糖的摄取量，因此被誉为“脂肪杀手”。苦瓜中维生素 C 的含量很高，具有预防维生素 C 缺乏病、保护细胞膜、提高机体应激能力等作用。

BREAKFAST STEPS

早餐步骤

主要材料：黑米、红米、巧克力酱、哈密瓜、白芝麻、黑芝麻、豌豆、黄豆

步骤：

1. 用白芝麻和黑芝麻做蚕的卵。
2. 用黑米和红米做蚕的幼虫，用巧克力酱画出桑叶。
3. 用豌豆和黄豆摆成蚕的成虫，用巧克力酱点出蚕的腿。
4. 蚕开始吐丝结茧，因为市面上有不同颜色的茧，所以选用了彩色的巧克力豆，后用沙拉酱包裹成茧。
5. 把开心果剥壳，不要去掉表皮，在上面用巧克力酱点出眼睛，做蚕蛹。
6. 用哈密瓜切出两个翅膀和一个蛾身的形状，拼成一只蛾，展示蚕蛹蜕变成蛾的阶段。
7. 再用哈密瓜做出蛾飞舞的形状，并在蛾的下面放些白芝麻，意为蛾产下卵，并结束自己的一生。
8. 最后搭配苦瓜炒鸡蛋和小米粥。

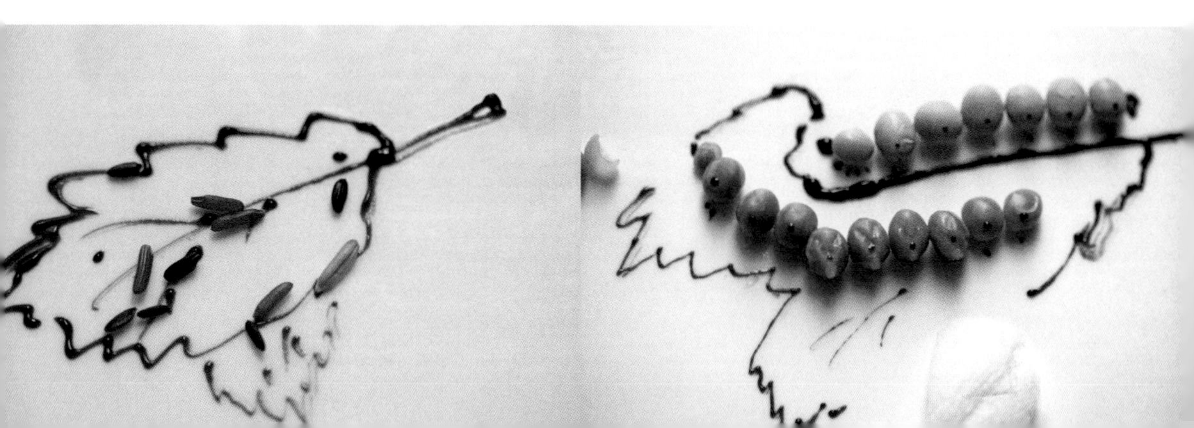

第二章 动画明星欢乐多

爱看动画片是孩子的天性。随着年龄的增长，孩子的好奇心、求知欲越来越强，动画片通过一个个形象生动的故事告诉孩子们一个个道理。鲜艳的色彩、极富感染力的背景音乐、夸张的动态和表情，都非常吸引孩子的眼球。有趣的动画人物还会让孩子开动脑筋，为他们的想象力插上翅膀。孩子小的时候常常让妈妈陪他一起观看动画片，妈妈要用孩子能理解的语言给他讲解，看完后还可以提几个简单的问题让孩子回答，以加深印象。了解孩子的心理特点，正确引导，切勿让孩子过于沉迷动画片。适度的情况下，孩子会从动画片中学到很多有益的东西。

多多小时候爱看《巧虎》。随着年龄增长，他开始喜欢看《汽车总动员》，尤其喜欢里面的闪电麦昆和板牙，还喜欢看《神偷奶爸》《疯狂原始人》《功夫熊猫》《史努比》等动画片。

为了加深多多对动画片中角色的认识，满足他的喜好，同时也为了能给他一些惊喜，多妈会在他看完一部动画片后，通过早餐把动画片中的角色呈现到他面前，这个时候往往惊喜就发生啦。

> 没有真正的倒霉蛋，大家都有成功的一面。

“今天那场球差一点我就射门了，可好运气都被门柱挡了回来。还有那个死小胖，经常破坏我的妙传，真不知道他是哪头的。比赛完我去买甜筒，还中了他的计，被他调包了。今天真是倒霉！比倒霉蛋查理还倒霉！”多多趴在床上长吁短叹，给同学打着电话吐槽。

CHARLIE BROWN

查理·布朗

第二天早上，这个“倒霉蛋查理”便被端上了餐桌。多多顿时睁大了眼睛。

“呵呵，还真是倒霉蛋，用鸡蛋做的。”

“多多，说一说查理为什么倒霉。”

“他不适合做棒球队队长，放风筝总是被树捉弄，打橄榄球时露西总搞破坏。”

“可查理有一个最大的优点，你们可能都没发现。他为朋友竭尽全力，就算很难他也会用心去做。他认真、执着、不放弃，用心对待每一件事。你不觉得他至少是一个很好的伙伴吗？”

多多托起下巴想了想：“哦，他的确是个努力的查理，真的是个很不错的朋友。我知道了，我明天去学校再也不叫死小胖了。”

BREAKFAST NUTRITION / 早餐营养

茶叶蛋：

茶叶其实并不会导致贫血或者缺钙。只有当茶叶直接遇到铁的时候，才会降低铁的吸收率，人体缺铁才会引起贫血。茶叶其实含有很多防止钙流失的物质，如氟元素、植物雌激素类物质和丰富的钾元素，都可以有效防止骨密度的降低。制作茶叶蛋的时候，在 0—24 小时的加热卤制时间之内，虽然茶叶蛋的胆固醇氧化产物含量随着加热时间的延长而不断升高，但是酱油和茶叶本身并不是氧化的罪魁祸首，相反它们都能提供抗氧化的物质，减少蛋的氧化状况，所以煮茶叶蛋的加工方式有其合理性。

菠菜：

“多吃菠菜”是从婴儿时期添加辅食起就经常听到的营养建议。菠菜能提供丰富的胡萝卜素、叶酸、维生素 C、维生素 K、叶黄素，还有钙、镁、钾等。按照营养素的密度来算，菠菜还是补钙的首选。100 克菠菜的含钙量是 153 毫克，比 100 克全脂牛奶的含钙量 104 毫克还要高。同时，菠菜中的钾和镁的含量也均高于牛奶。镁本身就是骨骼的组成成分之一，充足的镁和钾也可以防止钙的流失。菠菜中含有的维生素 K 还可以帮助钙沉积到骨骼中。

BREAKFAST STEPS

早餐步骤

主要材料：茶叶蛋、橙子、山楂卷、巧克力酱

步 骤：

1. 先把茶叶蛋剥皮，在底部切掉一小块，方便固定在盘中，用切下的部分做出一个小鼻子和两个小耳朵。

2. 用橙子皮剪出查理·布朗的衣服和衣服上的领子。

3. 用山楂卷刻出查理·布朗的折线花纹，再用橙子皮做出胳膊，用里面薄薄的皮刻出小手。

4. 用山楂卷刻出短裤，用一小块茶叶蛋剪出查理·布朗的腿。

5. 用山楂卷刻出鞋子。用巧克力酱画出眼睛、头发和嘴。

6. 最后搭配牛肉菠菜面。

希望你成为暖心的大白，
温暖身边的每个人。

《超能陆战队》上映的那段时间，多多身边很多小朋友都在讨论电影里面的大白。后来多爸陪多多去看了电影，小家伙回来后特别激动："我喜欢大白，不是因为他能够英勇救人，很多时候他的英勇救人都是在执行程序输入的命令。我喜欢他，就是喜欢他白白胖胖的憨厚可爱，还有那两个圆圆的小眼睛，中间用一条线连起来，就像我们画的小人儿一样……"第二天的沙画课上，多多跟同学讨论完大白，开始用沙子一遍又一遍地画出大白的各种造型，起飞的、摔倒的、蹲下的、张开双臂的……忙得不亦乐乎。

回到家，多妈也在纸上勾勒了很多大

DABAI
大白

白的样子：一个躺在碗里洗澡的大白，还有手捧薯条追皮球（鸡蛋）的大白等。为了兼顾形象、食材和营养，最终多妈选了一幅图制作了上图中的早餐。多多看了很高兴，他趴在桌边对多妈说："妈妈，你知道吗？你就是我心目中的大白，就像一个超级女机器人一样，给我变出各种各样的早餐，陪我玩儿，给我洗碗、扫地，晚上还能抱着我一起睡，很温暖。等我长大了，我就当你的男大白。"

多妈听了觉得很温暖。多多一直就是一枚小暖男。都说女儿是妈妈的小棉袄，那儿子就当妈妈的男大白吧。

BREAKFAST NUTRITION / 早餐营养

土豆：

土豆是既可以做主食也可以做菜肴的好食材。土豆作为主食的优势在于它的饱腹感很强，尤其是采用无油的蒸煮烹饪方式时。土豆含有较多的游离氨基酸，蛋白质的含量也高。同时，土豆中的淀粉在烹饪过程中会起到增稠的作用，让汤汁变黏稠，尤其是配上咖喱粉，会呈现极为诱人的味道。

牛肉：

牛肉蛋白质含量较高，可达 20%，同时脂肪的含量很低。牛肉中的维生素主要以 B 族维生素和维生素 A 为主。牛肉中的蛋白质氨基酸组成和人体需要的接近，利用率高，含有较多的赖氨酸，适合与谷类食物搭配食用。牛肉中的铁是以血红素铁的形式存在，消化吸收率非常高。经常食用可以补充体内铁元素，预防缺铁性贫血，增强体质，健脑益智。

BREAKFAST STEPS

早餐步骤

主要材料：糯米饭、海苔

步 骤：

1．戴上一次性手套，将糯米饭捏出大白的头、肚子、胳膊和腿。

2．把海苔对折，剪出大白对称的眼睛。

3．拼在一起，憨态可掬的大白就呈现在眼前了。

> 永远做一只咧着嘴笑的大嘴猴。

DAZUIHOU

大嘴猴

大嘴猴是多多最早的卡通朋友。多妈经常给多多买来“大嘴猴”布贴，或贴在衣服上，或缝在包包上，增加童趣。大嘴猴一直是这样的形象，咧着大嘴巴笑，憨憨萌萌的。多多也经常对着大嘴猴咧嘴笑。

现在多多画猴子，一般都是咧着大嘴巴的大嘴猴形象。在多多的画里，他会牵着大嘴猴结伴上学，一起上山摘果子吃，一起举着大大的冰激凌在游乐园玩，还帮助大嘴猴组建过幸福的家庭……多多说他喜欢大嘴猴，因为它是一只有趣、听话、爱笑的猴子。

大嘴猴是一个平面化的形象，没有动画片。而多多不但赋予了大嘴猴性格，也构思了与大嘴猴相处的情节。大嘴猴带给多多的想象力，一点都不比那些动画片里的明星带给他的想象力少。有时候多妈也在想，我们给予孩子太多具象的信息，可能并不是最好的解决办法。

在平安夜，多妈第一个想到的就是大嘴猴，这个陪伴多多成长、带来平安快乐的小精灵。于是，第二天多妈就创作了这道“大嘴猴”早餐。

BREAKFAST NUTRITION / 早餐营养

全麦吐司：

为了追求口感和风味，精制的白米白面往往更受消费者欢迎。和精制的米面相比，全麦食物可以提供更多的 B 族维生素、矿物质、膳食纤维等营养成分，以及有益健康的植物化学物。全麦食品的含铁量比白米白面高数倍，面包在发酵过程中会分解掉大部分的植酸，可以让机体更好地消化吸收营养成分。

蓝莓：

果实中的花青素对眼睛有良好的保健作用，能够减轻眼睛疲劳及提高夜间视力。蓝莓富含维生素 C，可增进脑力；此外，蓝莓对一般的感冒、咽喉疼痛以及腹泻也有一定的改善作用。蓝莓还可保护毛细血管及抗氧化、延缓脑神经衰老，增强记忆力，增强人体的免疫力。

BREAKFAST STEPS

早餐步骤

主要材料：全麦吐司、蓝莓果酱

步 骤：

1. 用剪刀把吐司剪出圆形和椭圆形。
2. 继续剪出两个半圆耳朵和爱心的上半部分（如图所示）。
3. 用一个类似管子的东西在爱心（如图所示）图形上戳两个洞做眼睛。
4. 将圆形吐司涂上蓝莓果酱。
5. 按照如图所示位置放上眼睛，分别加上两个耳朵和嘴巴，最后用蓝莓果酱画出微笑的嘴巴，大嘴猴就可爱出炉了。

微笑的表情是最美的语言。

XIAOHUANGREN

小黄人

“喜欢吃香蕉，关键时刻走神，还戴着眼镜。”多多一直认为自己和小黄人是志同道合的朋友。“只要小黄人不内讧，任何邪恶势力都阻挡不了小黄人的步伐。”多多经常和同学们争论动画电影《神偷奶爸》里边的情节，还模仿小黄人的笑声，仿佛小黄人的那个世界真的存在。

《神偷奶爸》中的小黄人的确是个奇怪的角色，没有人能听懂它们凌乱的“小黄语”，但理解它们又毫不费力。多多通过小黄人情绪化的表情来了解剧情，判断善恶。对于孩子们来说，小黄人无疑扮演着“身教胜言教”的启蒙老师的角色。

多多看到这份“小黄人”早餐时，立刻发出小黄人的笑声：“嘎嘎嘎，让我想想看，小黄人穿上这身衣服，下一幕将是怎样的情节。也许它们会与吸血鬼德古拉掀起西瓜皮大战，西瓜皮将成为小黄人新能量的来源；也许它们会戴上西瓜皮帽子，抵挡敌人的进攻……妈妈，你说呢？”我同样发出小黄人的笑声，给了多多一个小黄人般的赞许表情。

BREAKFAST NUTRITION / 早餐营养

蛋糕：

主要成分是面粉、鸡蛋、奶油等，含有碳水化合物、蛋白质、脂肪、维生素及钙、钾、磷、钠、镁、硒等矿物质，食用方便，很受孩子们欢迎。

黑米：

含蛋白质、脂肪、碳水化合物、B族维生素、维生素E、钙、磷、钾、镁、铁、锌等营养元素，营养丰富。黑米是一种药食兼用的大米，米质佳，口味很好，很香醇。

芝麻：

含有大量的优质油脂和蛋白质，含油量高达55%，其中亚油酸有调节胆固醇的作用。芝麻含有丰富的维生素E，维生素E的最主要来源是植物油，它的主要功能是防止脂质中的多不饱和脂肪酸被氧化。

核桃：

核桃含有丰富的多酚、维生素E等抗氧化的物质，是坚果中抗氧化能力最强的。除了果仁中丰富的维生素E外，褐色的果衣中富含多酚类物质，大脑组织对于氧化的损伤很敏感，所以摄入足够的抗氧化物质很必要。核桃中86%的脂肪是不饱和脂肪酸，其中丰富的优质脂肪酸可以在体内被转化为DHA，对于大脑发育有很重要的意义。

BREAKFAST STEPS

早餐步骤

主要材料：蛋糕、海苔、西瓜皮

步骤：

1．取一块长条蛋糕做小黄人的身体。

2．用剪刀把海苔剪出两个圆环，做成小黄人的眼镜。

3．再剪两个小圆点，放到圆环内，做成眼睛。

4．再把西瓜皮剪成如图所示的形状，做小黄人的衣服。

5．最后，用剪刀把海苔剪成五个长条，做头发，放到小黄人的头部。

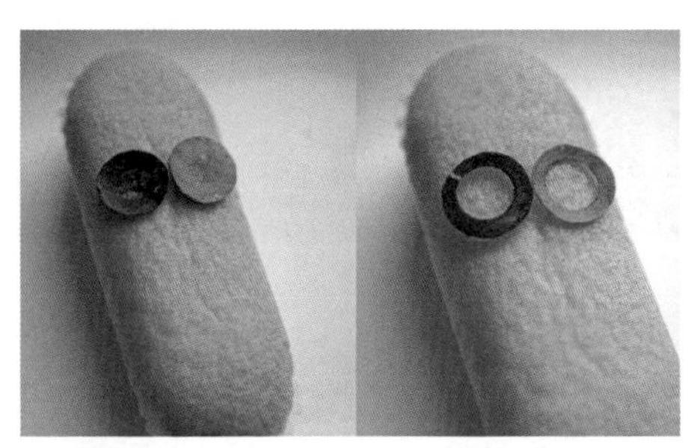

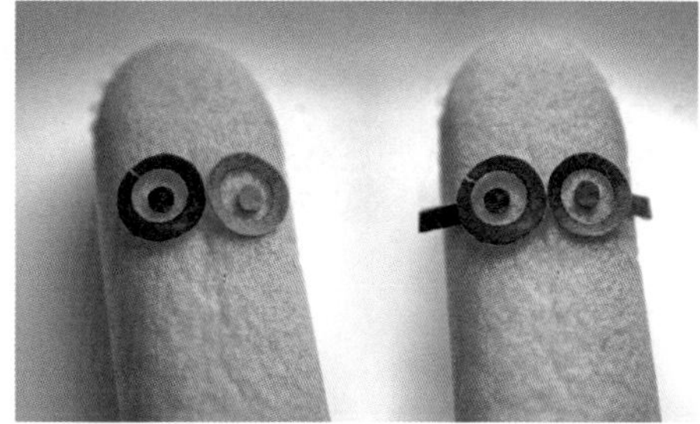

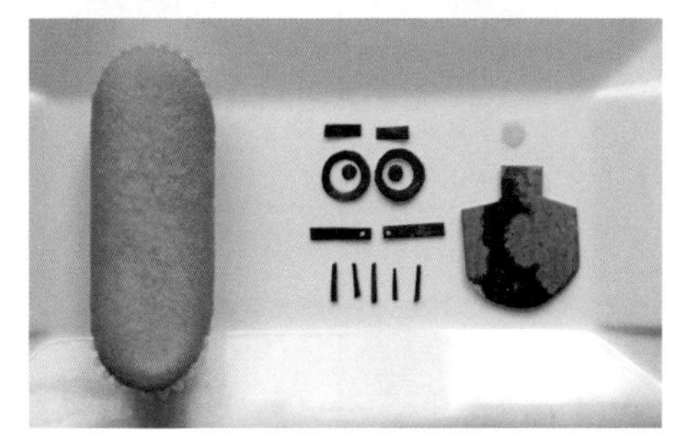

NIUYOUGUO QI'E

牛油果企鹅

多多自从学会了上网和用QQ聊天后，仿佛发现了新大陆。只要有网络的地方，多多就会登录QQ，和小伙伴聊天，发图片，分享快乐。QQ的企鹅形象对他来说，已经非常熟悉了。

“多多，如果有一天，你们毕业了，大家到了不同的地方，你和你的小伙伴是不是就这样散了？”

“不会呀，企鹅会帮忙把我的朋友找回来！”

多妈投其所好，将“企鹅公仔”端上了餐桌。感谢这只不疲倦的企鹅，它是个友好的使者，是小伙伴们小学毕业后离开校园，重新聚在一起的好帮手。

BREAKFAST NUTRITION / 早餐营养

牛油果：

又叫鳄梨，是营养价值很高的水果。鳄梨富含多种维生素（维生素 A、维生素 C、维生素 E 及 B 族维生素等）、多种矿物质（钾、钙、铁、镁、磷、钠、锌、铜、锰、硒等）和食用植物纤维，丰富的脂肪中不饱和脂肪酸含量高达 80%，为高能低糖水果。因为含糖量低，特别适合学龄前儿童食用。

山楂：

山楂口味酸甜，含多种有机酸，食用后可提高胃蛋白酶的活性，促进蛋白质的吸收，是健脾开胃、帮助消化的食物。需要注意的是，如果孩子正处在换牙期，还是要少吃山楂。

BREAKFAST STEPS

早餐步骤

主要材料：牛油果、胡萝卜、山楂卷

步 骤：

1. 把牛油果的表皮去掉一块，使其接近圆形或者椭圆形，露出果肉。
2. 用取下来的牛油果皮刻出两只翅膀的形状。
3. 再在牛油果的上面刻出两个椭圆形，做企鹅的眼睛。
4. 往眼睛里面加入用牛油果皮刻好的眼珠。
5. 用胡萝卜刻出企鹅的嘴巴和两只小脚丫，放在相应位置。
6. 用山楂卷做围巾，如图所示修饰，可爱的小企鹅就做成啦。
7. 最后搭配华夫饼和生菜。

生活中无论你是主角还是配角，
都要做个对朋友有帮助的人。

BANYA
板牙

很多小朋友都喜欢《汽车总动员》里的麦昆，大大的眼睛，标志性的语言。多多在很小的时候，没事就吼一句：“闪电麦昆，咔嚓！”但当“板牙”出现时，很多小朋友都希望能拥有板牙这样的朋友，多多也不例外。板牙是辆特别好的车，心胸宽广，非常乐观，是水箱温泉镇唯一的拖车，虽然有一点迟钝，但他总是乐于助人，总能看到事情光明的一面，是麦昆最好的朋友。

“谁是我的板牙呢？小胖、老白，还是……都不靠谱，我怎么就没有板牙这样的朋友？”看动画片时多多脱口而出。

“因为很多人都想做闪电麦昆，等着板牙出手相救。”我接过话题，“但如果没有板牙，动画片里的麦昆始终是个追逐名利的家伙，是板牙改变了他，你觉得呢？”

第二天，当“板牙”早餐出现在多多面前时，多多开心极了：“我要做一个快乐的板牙，去帮助每一个小朋友！”

BREAKFAST NUTRITION / 早餐营养

红枣：

红枣中含有大量的糖类物质，除葡萄糖、果糖外，还有蔗糖、低聚糖等，并且还有维生素 B_2、维生素 B_1、胡萝卜素、烟酸等，因此具有滋补作用，能提高人体的免疫力。煮红枣的时候会有很多白色的东西漂在水面上，这是因为大枣中含有皂甙。皂甙容易在水中形成肥皂泡样的泡沫，少量食用并不影响健康。

大米：

五谷之首，含碳水化合物、蛋白质、脂肪，还有丰富的B族维生素，也是补充营养的首选。大米粥作为早餐，也容易消化吸收。

BREAKFAST STEPS

早餐步骤

主要材料：红枣糕、乳酪、黄瓜

步 骤：

1. 把红枣糕最上面的那层深色皮取下来，用刀切成一个长方形做板牙的头。
2. 把剩余的红枣糕切成一片长方形，做成板牙的车身，并在中间挖一个洞，做板牙的嘴。
3. 再把红枣糕切出两个小圆形，做板牙的车轮，放在车身的下面。
4. 把乳酪切出一个长方形，放在前面做好的板牙的头上。
5. 把乳酪切出两个小正方形，做板牙的牙，放在板牙的嘴里。
6. 再把黄瓜的皮削下来，切出两个小圆，放在头部做成眼睛。再切两个圆形黄瓜放在车身作为装饰。

去努力吧，把幻想变成可以实现的梦想。

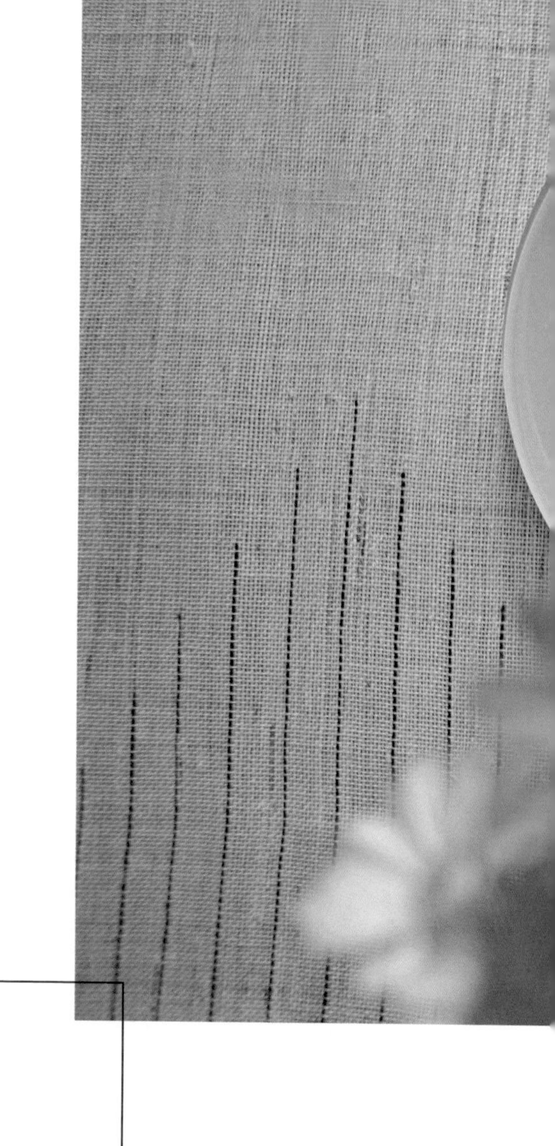

史努比可能是全世界名气最大的狗了，也是最会幻想的一只狗，它总是陶醉在自我的世界里，一会儿幻想自己变成了律师，一会儿又觉得成为棒球选手也不错，一会儿又想成为戴面具的怪杰或者飞行英雄。在史努比看来，成为人一样有趣的角色才是自己的终极追求。

看完电影出来，多多就喜欢上了史努比。“妈妈，史努比也喜欢幻想，作为一只狗，

SNOOPY
史努比

这属于走神儿吗？”我觉得多多是在为自己上课走神儿找借口，一下子不知道该如何回答。仔细想了想才说：“史努比拒绝承认自己是一只狗，史努比很努力，坚持用两条腿走路，这很不容易。史努比是在把幻想变成可以实现的梦想。”

第二天的餐桌上，多多开心地看到“史努比”这个形象。多妈的早餐越接近他的生活，他就越兴奋。这个“史努比”巧妙地利用了鹌鹑蛋的大小差异，这道神似的早餐是多妈很得意的作品。开心的多多首先抓起了史努比的大鼻头，一下就塞到了嘴里，心里别提多美了。

BREAKFAST
NUTRITION / 早餐营养

鹌鹑蛋：

和鸡蛋所含的营养素基本相同，其中的 B 族维生素和卵磷脂的含量高于鸡蛋，但是维生素 A 和胆固醇的含量比鸡蛋少。

五谷粥：

在烹饪主食的时候，建议将大米与全谷物稻米（糙米）、杂粮（燕麦、小米、荞麦、玉米等）以及杂豆（红小豆、绿豆、芸豆、花豆等）搭配食用，传统的二米饭、杂豆饭、八宝粥等都是增加食物品种实现粗细搭配的好方法。谷类蛋白质中赖氨酸含量低，豆类蛋白质中富含赖氨酸，但是蛋氨酸含量较低，这两种氨基酸都是人体必需的氨基酸，所以谷类和豆类食物搭配，可以通过互补来提高蛋白质的吸收利用率。

BREAKFAST STEPS

早餐步骤

主要材料：鹌鹑蛋、提子，海苔、巧克力酱、苹果

步 骤：

1. 把苹果切出一块梯形，在上面刻出两条纹路做小房顶。

2. 煮熟鹌鹑蛋，把小的那一头轻轻地压一点凹槽下去，让头和鼻子有一条分界线。

3. 用牙签固定一颗提子，做史努比的鼻头。

4. 取一块鹌鹑蛋，刻出史努比的肚子和腿脚。

5. 再取一块鹌鹑蛋，刻出史努比的胳膊。用巧克力酱点出眼睛。

6. 用海苔剪出史努比长长的大耳朵。把做出的史努比的各部位拼好。

7. 最后搭配五谷粥和蒸红薯。

拥有一个无拘束，
真正快乐的童年。

XUEBAO
雪宝

大雪虽冷，却无法阻碍人们对它的喜爱。
雪花像美丽的玉色蝴蝶，似舞如醉；
像吹落的蒲公英，似飘如飞；
像天使赏赠的小白花儿，忽散忽聚，飘飘悠悠，轻轻盈盈。
她给人们带来了宁静，带来了祥和。
她掩埋了一切污垢，净化了世界。
让我们用对生活的热爱，来温暖冬日的严寒。

我们陪多多一起看了《冰雪奇缘》后，胡萝卜鼻子马桶脸的雪宝就成了多多的最爱。雪宝是艾莎姐妹儿时堆的小雪人，艾莎无意间用魔法赋予了他生命。雪宝调皮、滑稽、风趣，整个故事也因雪宝的存在而更加轻松好看。希望多多像雪宝一样善良友好，也希望多多有一个无拘无束的美好童年。童年就该探索，童年就该调皮。

每每看到喜欢的卡通形象出现在早餐中，多多总是不乏对妈妈的溢美之词，"妈妈，你真厉害"是口头禅了。这次，多多拿起"雪宝"的小鼻子放在自己的鼻子处，说："这个鼻子长在雪宝脸上显得好大，可放到我的脸上就显得好小啊！"这样的早餐永远不缺可爱的互动。多妈非常珍惜这样的时光，偶尔会闪现这样的念头：也许几年之后就不会这样了，因为孩子长得好快啊！

BREAKFAST NUTRITION / 早餐营养

糯米糍：

糯米糍是用熟糯米饭放到石槽里，用石锤捣成泥状制作而成，是南方特有的美食，温和滋补，有补虚、补血、健脾暖胃、止汗等作用，但其中所含淀粉为支链淀粉，在肠胃中难以消化水解，所以建议偶尔给孩子食用。

秋葵：

秋葵的营养价值高，钾的含量比菠菜高，钙的含量比芹菜高，维生素 C 的含量可以媲美番茄，而膳食纤维的含量是韭菜的两倍，秋葵中维生素 B_1 的含量也比大部分蔬菜的含量高，同时秋葵籽中的多酚类物质和葡萄糖苷酶抑制剂也备受关注。不过，当消化能力不太好的时候，这类多酚类物质高、抑制消化酶活性的粗纤维食物就要少吃一些了。有人质疑秋葵容易吸收重金属镉，其实这只是秋葵的特性，如果它本身生长的环境没有被重金属污染，那么食用是没有任何问题的。

BREAKFAST STEPS

早餐步骤

主要材料：糯米糍、秋葵、胡萝卜、果酱、沙拉酱、糖粉

步骤：

1．把完整的一个糯米糍，用手挤压出雪宝的头的形状，如图所示。

2．再取一个糯米糍，取下没有包馅的部分，搓出三个小球，分别做雪宝的脖子、两条腿。

3．再用一个糯米糍做成雪宝的身体，把雪宝摆放完整。

4．用果酱画出雪宝的眼睛、嘴巴、胳膊、头发和衣服扣子。

5．把胡萝卜切成长三角，插到脸上做鼻子。

6．再把秋葵摆好当松树，在盘子上用沙拉酱画出雪花。

7．最后把糖粉撒上，烘托冬日雪景。

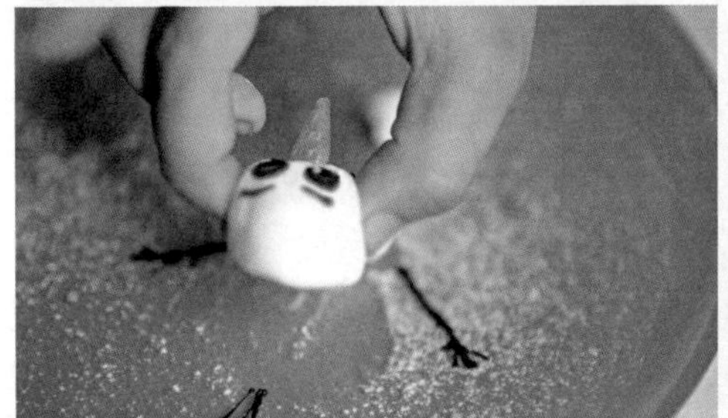

妈妈希望你会用正确的方式保护自己和自己喜欢的事与物。

FENNU DE XIAO NIAO

愤怒的小鸟

《愤怒的小鸟》故事相当有趣，为了报复偷走鸟蛋的肥猪们，鸟儿以自己的身体为武器，仿佛炮弹一样去攻击肥猪们的堡垒。愤怒的红色小鸟奋不顾身地往绿色的肥猪堡垒砸去，那种奇妙的感觉还真是令人很欢乐。每次看《愤怒的小鸟》，总能让多多笑得前仰后合。多多实在太喜欢这些小鸟的可爱造型了，尤其喜欢的是红怒鸟。

家里有一个超级大的愤怒的小鸟抱枕。多多对毛茸茸的抱枕之类的玩具并不感冒，唯独对这个愤怒的小鸟抱枕例外。每次我帮他收拾房间的时候，看到这个抱枕就会想把这个形象做成一道创意早餐给多多。

卡通形象早已成为多多的早餐常客，到今天多多已经很少像早些时候那样，看到卡通早餐就充满惊喜，但这份早餐里突然出现了他这么喜欢的一个角色，多多不禁由衷地赞叹："妈妈，你真够牛的！以后，你也可以给弟弟做他喜欢的动画角色了。"看来多多真的长大了，这也是最让人幸福、最有成就感的时刻。

BREAKFAST

NUTRITION / 早餐营养

鲜枣:

鲜枣是当之无愧的维生素C之王。和鲜枣相比，猕猴桃的维生素C含量都要排第二。鲜枣中钾和铁的含量也在水果中名列前茅。鲜枣中还富含黄酮类、皂甙类和多糖类物质，分别具有抗氧化、改善脂质代谢、提高免疫力的作用。儿童易发缺铁性贫血，所以在鲜枣上市的季节，多食用鲜枣可以帮助身体更好地吸收利用铁元素。

葡萄干:

葡萄经过脱水后，营养成分被浓缩，同时包括了葡萄皮和籽，即使吃很少的量，葡萄干中的营养成分都可以被很好地吸收。葡萄干含丰富的糖、铁和钙，特别适合儿童食用。

牛奶:

牛奶中蛋白质的含量为3%，其必需氨基酸的比例符合人体的需求，属于优质蛋白质。牛奶的脂肪含量约为3%—4%，以微脂肪球的形式存在。牛奶中的乳糖能促进钙、铁、锌等矿物质的吸收。增加牛奶及其他奶类和奶制品的摄入，有利于促进学龄前及学龄期的儿童的生长发育和骨骼健康。超市里常见的牛奶是需要冷藏的巴氏奶和不需要冷藏的盒装纯牛奶，其中，巴氏奶更接近于牛奶原料的新鲜度，维生素损失最小。最佳饮用牛奶的时间是餐前半小时。

BREAKFAST STEPS

早餐步骤

主要材料：苹果、胡柚、青枣、黑加仑、山楂片、胡萝卜、芝麻

步 骤：

1．首先将苹果、胡柚上下切掉一些，成圆柱形，青枣去掉底部，使之大小成阶梯式。

2．沿着苹果、胡柚的底部切出半圆形做肚子，在肚子上面切两个圆形下去做眼睛。

3． 如前面的图所示，把山楂片切成特征鲜明的粗壮眉毛，用牙签分别固定在苹果和胡柚上。

4． 取黑加仑的一部分，剪出圆形的黑眼珠，轻轻放上去，利用水果自身的水分，按压一下就可粘牢。

5．将胡萝卜刻出嘴巴的形状，分别用牙签固定在苹果和胡柚上。

6．用山楂片刻出黄色小鸟的羽毛形状，放在头顶。

7． 取一片青枣，剪出椭圆形做猪鼻子，用吸管戳出两个猪鼻孔，同样在鼻孔中上部位用牙签固定。

8． 再取两片青枣刻成猪耳朵状，用牙签固定。将青枣里面的白色部分切薄片，用吸管取出两个圆形做眼睛。

9．放两粒芝麻做猪的眼珠。

10．取胡柚皮剪出皇冠状，如前面图所示，向里卷曲，立体感就呈现了。

11．把几样叠加，可爱的“愤怒的小鸟”主题餐就大功告成了。

> 110—111

生活坏到一定程度就会好起来，因为它无法更坏。
努力过后，才知道许多事情坚持坚持就过来了。

LONGMAO

龙猫

陪多多看了《龙猫》电影后，多妈一家都被这个胖胖的大龙猫吸引了。这个大自然的精灵，只有心地纯洁的小孩子才能够看到它。把龙猫视为精灵其实就是一种单纯童心的体现，充满各种没有理由的幻想才是小孩子的大脑。多多说："我现在更加明白为什么大家喜欢小孩，因为只有在孩子的眼里世界是没有界限的，可以无所谓地天马行空地去设想，发挥单纯的想象力。"多多又接着说，"妈妈，我现在的想象力就没有小时候好了，画画时总觉得想到不切实际的东西就会停下来，我都有点想念小时候的我啦！"多妈哭笑不得："你现在也是小时候啊！"

龙猫主题的早餐已经做过好几次了，今天的这道早餐，多多看了很惊诧："妈妈你真行，这你都能想得出来，牛油果突出的核正好是龙猫的大肚子。只是，妈妈，这个龙猫减肥了吗？瘦了好多，哈哈哈！"

简单地动动手，让孩子幻想无限。多妈会一如既往地把多多喜欢的角色呈现在餐桌上。

BREAKFAST NUTRITION / 早餐营养

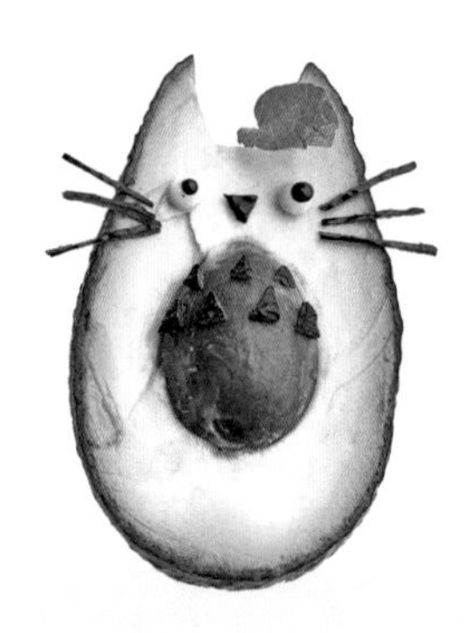

牛油果：

营养丰富，不饱和脂肪酸的含量较高，还含有维生素 A 和维生素 E，对保护视力有益。

玉米：

在常见的粮食中，玉米的淀粉含量较高。玉米通常分为甜玉米和糯玉米。糯玉米中几乎都是支链淀粉，所以口感黏软，容易消化，但是餐后的血糖反应高。

豌豆：

豌豆含铜、铬等微量元素较多。铜有利于造血以及骨骼和脑的发育，铬有利于糖和脂肪的代谢，能维持胰岛的正常功能。豌豆中所含的胆碱、蛋氨酸有助于防止动脉硬化，而且新鲜豌豆所含的维生素 C，在所有鲜豆中名列榜首。

BREAKFAST STEPS

早餐步骤

主要材料：牛油果、糖豆、果酱、玉米、豌豆

步骤：

1. 牛油果对半切，感觉到轻轻地碰到果核即可转一圈拿开。

2. 把牛油果小头的一边如图所示切割出两个耳朵。

3. 放上两个糖豆做龙猫的眼睛，点上果酱做成黑眼珠。

4. 用取下的那一半牛油果肉做果蔬沙拉，果皮用来做成龙猫的鼻子、胡须和肚子上的图案。

5. 最后搭配玉米豌豆饼和牛奶。

THE
SMURFS

LANJINGLING
蓝精灵

哦，可爱的蓝精灵，可爱的蓝精灵……

邪恶的格格巫突然闯进精灵村庄，受惊的蓝精灵慌忙躲避，笨笨误闯神秘石洞，在奇异的蓝月亮的照耀下竟然穿越来到纽约中央公园。蓝爸爸同蓝妹妹、笨笨、聪聪、厌厌以及勇勇在纽约这座大苹果之城展开冒险。他们人生路不熟，只好寄居在年轻的温斯洛夫妇家中，他们聪明活泼反应快，搞得屋主晕头转向又无计可施。而蓝精灵们的首要任务就是避开格格巫的追捕返回精灵村庄。

最后，在温斯洛夫妇的帮助下，蓝精灵们打败了格格巫，并通过蓝月亮下的旋涡成功返回精灵村庄。蓝精灵实在是太可爱了，看完这部电影后多多喜欢得不得了，和多爸从电影院回来的路上就唠叨个不停。他最喜欢的就是同样戴着一副大眼镜的聪聪。聪聪作为蓝爸爸的好助手，经常喜欢自作聪明，出风头，啰里啰唆，同时还是个胆小怕事的蓝精灵。多多觉得这个蓝精灵和自己有相似之处，比较爱说话，有时候还有点胆小……因此多妈萌生了把聪聪搬上早餐桌的念头。

第二天，这个小家伙就在盘子里等着多多了。因为这次的“惊喜”非常及时，多多刚刚起床就看到了盘子里的“聪聪”，一下子就开心起来，忙说：“这个就是戴眼镜的聪聪，实在是太像啦，都舍不得咬他了。”

BREAKFAST NUTRITION / 早餐营养

紫米粥：

含有多种营养物质以及铁、锌、钙、磷等人体所需矿物质元素。紫米味甘、性温，有益气补血、暖胃健脾、滋补肝肾、止咳等作用。

煎鸡蛋：

鸡蛋是优质蛋白质的最佳来源之一，其中含有十二种维生素和多种矿物质，大量的卵磷脂，还有叶黄素、玉米黄素、甜菜碱等很多保健成分。常用的烹饪方式对于鸡蛋中蛋白质和维生素的影响不是很大，真正影响到健康的是胆固醇和氧化的脂肪。受热时鸡蛋中的脂肪和胆固醇的氧化程度会加重，加工时间越长，维生素 E 的损失越大，脂肪和胆固醇的氧化就越多。相比而言，蒸煮蛋的保护程度最好，和氧气接触最少，所以是烹饪鸡蛋的最佳方法。

火龙果：

火龙果含有的植物性白蛋白可以与人体内的重金属结合，促使其排出体外，起到排毒的作用。果皮及红心火龙果的果肉中含有丰富的花青素和水溶性膳食纤维，可以降低胆固醇，增加肠道蠕动，预防便秘。果肉中黑色的籽还含有丰富的钙、磷、铁等矿物质。

BREAKFAST STEPS

早餐步骤

主要材料：干面粉、食用蓝色素、芝麻、南瓜、火龙果

步骤：

1. 将火龙果、黑芝麻、南瓜分别榨汁，加入发酵粉和面，和出紫红色、黑色、黄色的面团。
2. 利用食用蓝色素，和出蓝色面团。
3. 往黄色的面团内加入白色的面团混合出浅黄色面团。
4. 先用蓝色面团做蓝精灵的头、半件衣服、耳朵、大鼻子和手臂。
5. 用白色面团做出蓝精灵的肚子和腿脚、帽子，把多余的面团压扁，用吸管压出两个圆形的眼睛。
6. 用黑色的面团做出镜框（粗细吸管压出），搓两个小圆球当眼珠，再做出教棍和嘴巴的半圆部分。
7. 用紫红色面团刻出舌头。
8. 把浅黄色面团压扁，切出长方形，再切成均等的小块，刻出字母和五角星。
9. 把全部捏好的小精灵放在热锅上蒸六分钟即可（蒸的时间长短和面人大小有关）。
10. 最后搭配紫米粥、煎鸡蛋和蓝莓。

妈妈希望你能有一双发现美好的眼睛，让生活变得有趣、有诗意！

生活总是有非常多的美好和乐趣等着我们去发现，也等着我们去创造。在生活里抓取有趣的东西去进行演变，所创造的惊喜往往让人印象深刻。对于每天都需要有很多创意的早餐来说，更是这样。

就像生活在英国的一个乡村农场中的小羊肖恩一样——一个农夫经营着自己的牧场，这位笨笨的农夫养着包括绵羊在内的一大群动物，其中有一只叫肖恩的绵羊，它和农夫的狗以及农场里的各种动物共同生活。肖恩是一只特立独行的小羊，它拥有金子般的心，鲜明的性格使得它在羊群中独树一帜。如果没有它为羊群惹下的麻烦埋单，农场恐怕早就被掀了个底

XIAOYANG XIAO'EN

小羊肖恩

朝天——当然它也经常把羊群带进沟里。肖恩“机智过羊”，想象力丰富，热衷于冒险，同时也是一个忠诚、勇敢的伙伴。它热爱着农场这个大家庭，无论生活将什么样的难题抛给它，本着“事在羊为”的精神，性格开朗阳光、有着无限能量的肖恩总能找到解决问题的方法，带领伙伴们走出困境。多妈给多多讲了肖恩的故事后，他还特意看了几集《小羊肖恩》，结果乐得捧腹。于是，多妈便用饭团做成小羊的身体，用最简单的办法把小羊肖恩和伙伴们的形象勾画出来，让普通的米饭有了更多的趣味。

生活就是这样，美好总是隐藏在周围，只要稍加留意就会在我们的生活里呈现出来。

BREAKFAST NUTRITION / 早餐营养

芹菜：

芹菜含有蛋白质、脂肪、碳水化合物、纤维素、维生素、矿物质等营养成分，其中，B 族维生素、维生素 P 的含量较多。钙、磷、铁等矿物质元素的含量更是高于一般绿色蔬菜，对预防糖尿病、贫血、小儿佝偻症也有一定的辅助疗效。

黑加仑：

富含维生素 C 和花青素，口感香甜且无籽，是孩子很喜欢食用的水果之一。

BREAKFAST STEPS

早餐步骤

主要材料：米饭、熟黑芝麻、黑加仑、沙拉酱、巧克力酱、芹菜

步骤：

1. 取适量的米饭放在保鲜膜内，轻压成椭圆形。
2. 用牙签固定黑加仑做小羊的头。
3. 把黑加仑切出两个小三角做小羊的耳朵，切出长条形做小羊的四条腿。
4. 用沙拉酱点出眼白，巧克力酱点出眼珠。
5. 炒好的瘦肉芹菜做草堆，可在下面铺一片生菜。
6. 步骤同上，再做另一只白羊。
7. 那只黑羊的身体是把熟的黑芝麻用榨汁机打碎，和米饭拌起来做成的，其他部位的做法和白羊一样即可。

在平凡的生活中也要活出随意想象。

BABA BABA

巴巴爸爸

由法国同名连环画《巴巴爸爸》改编的动画片，多多很喜欢，他一集都没有落下。《巴巴爸爸》讲述了在一户普通人家的院子里，某天从地下冒出一个圆滚滚的粉红色小球。随着时间的推移，小球变得越来越大，最终他破土而出，长成了椭圆形的大个子，孩子们为他取名叫巴巴爸爸。巴巴爸爸乐观善良，他柔软的身体可以随心所欲地变成任何形状。不久，他遇见通体黑色、美丽动人的巴巴妈妈，两人结婚生下了七个颜色各异、性格不同的孩子，分别是巴巴祖、巴巴拉拉、巴巴利波、巴巴伯、巴巴贝尔、巴巴布莱特和巴巴布拉伯。巴巴爸爸一家和人类和谐相处，过着充满快乐和惊奇的生活。

多多每次都看得津津有味，他好喜欢巴巴爸爸可以随心所欲地变换造型。多妈投其所好，创作了同主题的早餐，没想到多多说妈妈应该按照他们的性格做出动态造型，这个要求让妈妈深感压力。因为这道早餐是用面做的，在做的过程中，很多情况不能预估到，做的时候面团还是瘦的，还没做完就变胖了，蒸完出锅更是不可思议的圆润。不过小家伙还是很喜欢，舍不得吃掉，拿在手里反复地玩，一会儿让巴巴爸爸亲吻一下巴巴贝尔，一会儿让巴巴爸爸和巴巴妈妈碰碰头……乐不可支！

BREAKFAST NUTRITION / 早餐营养

馒头：

营养价值极高，同样是面食，发酵后的馒头营养更加丰富，酵母不仅让食物变得更松软好吃，还大大地增加了馒头的营养价值。儿童和消化功能较弱的人，更适合吃这类食物。

薏米：

含有丰富的碳水化合物、蛋白质、脂肪及膳食纤维，其中脂肪以不饱和脂肪酸为主，亚油酸的含量较高。薏米含有薏苡仁酯，不仅具有滋补的作用，还有抗癌的功效，薏米醇还有降压、利尿和解热的作用。

南瓜：

南瓜多糖是一种非特异性免疫增强剂，能提高机体免疫功能，促进细胞因子生成，对免疫系统有调节作用。南瓜含有丰富的胡萝卜素，可以保护视力，预防夜盲症。南瓜中的维生素 D 有促进钙、磷两种矿物质元素吸收的作用，可以预防小儿佝偻病。南瓜中含有丰富的锌，也是儿童生长发育的重要物质。南瓜花和南瓜子也都有很高的食用价值。

BREAKFAST STEPS

早餐步骤

主要材料：干面粉、食用色素（建议尽量用同色的食材榨汁和面）

步 骤：

1. 先加酵母和面，把和好的面团放在隔水的温水盆中发酵二十分钟，发酵到原来的两倍大小。

2. 分别取适量的黑色、粉色等色素，揉出下图中所有颜色的面团。

3. 按照巴巴爸爸一家的形象捏出每个造型（如图所示），根据角色的性格加以配饰。

4. 先蒸巴巴爸爸和巴巴妈妈，因为个头相对比较大，然后再蒸其他七个角色（场景感觉有点吓人）。

5. 最后搭配薏米南瓜粥和生菜。

第三章 每逢佳节倍开心

生活一天比一天美好，可节日的氛围和意义反倒在逐渐变淡。小时候日盼夜盼的那几个传统节日的庆祝方式，也慢慢地从原来的亲友团聚、围炉煮酒变成了千篇一律的“逛吃”；就连如今备受年轻人推崇的圣诞节、情人节等一些“洋节”，也不过是成了商家促销的几个由头而已。节日本身的味道和感觉离我们越来越远，小孩子们对节日的感受也越来越缺乏文化的传承和传统的仪式感。中国的传统节日经历了漫长的发展过程，积淀了形式多样、内容丰富的文化资源，是中华民族悠久历史文化的一个组成部分。

作为家长，我还是希望能够积极营造浓厚的节日氛围，让孩子在不知不觉中感受到传统节日的文化氛围，使传统节日与现代生活相结合，重新焕发生机活力。在我们家，每到节日来临时，为了渲染气氛，加深孩子的记忆，餐桌上必然会呈现一道应景的早餐。

为家人和爱的人付出，是快乐的，希望儿子会成为一个给予的人！施比受更为有福！

猴年对多妈一家来说真的是太丰盈了！多妈姓侯，而且在这一年，我们终于圆了多多的梦，准备给他生个小猴子弟弟或妹妹，为他添一个玩伴。只不过这个消息还没有告诉多多，想在一切都稳定之后，给他一个惊喜。为了这个原因，2016 年的春节我们决定就在杭州过年，不回老家了。

那天午饭后，我们去花鸟市场买花，虽然是春节期间，但冬日午后的阳光照进车里非常温暖。多多还以为是因为爸爸工作太忙我们才不回老家，就一再提议“反正爸爸这两天休息，我们一起开车回内蒙古吧”。其实他是想念那些表兄弟姐妹，想着跟他们一起过节热闹。实在没办法再搪塞了，我们也觉得是时候告诉多多他即将有一个弟弟或妹妹的好消息了。“妈妈怀孕啦！”多爸说。一开始多多听了，以为是我们拿这个事情来敷衍他，并不相信，还说我们找借口，其实就

HOU NIAN CHUN JIE

猴年春节

为了不回老家。

看着多多气鼓鼓的样子，多妈再三保证 ：“医生说是真的，妈妈真的怀孕了，你就要当小哥哥了。”多多听了高兴坏了，不能回老家的不快一扫而光。幸福来得太突然，那天多多打电话通知了好多人，甚至还通知了他很多小伙伴，开口就是 ：“我妈妈怀孕了，我要当哥哥啦！”

我们满心期待小猴子宝宝加入我们温暖的小家。适逢猴年春节，看着多多幸福的样子，多妈很为儿子的懂事和胸怀欣慰，为此，多妈还特意做了一道倒挂金钩的调皮小猴子，多多看到后很开心地说 ：“我们一家就是‘毛猴子’，爸爸姓名中有个毛，妈妈姓侯，我和二宝就是子。”话音没落，我和多爸就笑晕了，这小子，还挺有才！

BREAKFAST NUTRITION / 早餐营养

米饭:

米饭的主要成分是碳水化合物。米中富含的维生素 A、维生素 E 和 B 族维生素，能有效防止肌肤干燥，防止肌肤衰老，同时能抵抗色素沉着。大米也是 B 族维生素的主要来源，是消除口腔炎症的重要食物。米汤能刺激胃液的分泌，有助于消化，并对脂肪的吸收有促进作用。

紫米:

紫米中含有丰富的蛋白质、脂肪、赖氨酸、多种维生素，以及铁、锌、钙、磷等人体所需的矿物质元素。紫米还富含纯天然营养色素和色氨酸，下水清洗或浸泡会出现掉色现象（营养流失），因此不宜用力搓洗，浸泡后的水请同紫米一起蒸煮食用，不要倒掉。

BREAKFAST STEPS

早餐步骤

主要材料：紫米饭、白米饭（两种米饭里面都加了少许糯米）、黄瓜、胡萝卜

步骤：

1. 把紫米饭放在保鲜膜上摊平，里面放入胡萝卜、黄瓜丁、肉松和沙拉酱。

2. 用保鲜膜将包有这些食材的紫米饭捏成椭圆形，作为小猴子的脑袋。

3. 小猴子的身体用紫米饭捏成倒梯形（如图所示）。

4. 用黄瓜刻出小猴子短裤的形状。

5. 再用保鲜膜把紫米饭搓出猴子的腿、脚和尾巴。

6. 用少许白米饭压出猴子的脸形。

7. 用海苔剪一条嘴巴，放在猴子的脸上。

8. 剪出眼睛和鼻子，用番茄酱做成红色脸颊。再装饰一下即可。

拥有快乐的儿童节是一辈子幸福的源泉。

ERTONG JIE

儿童节

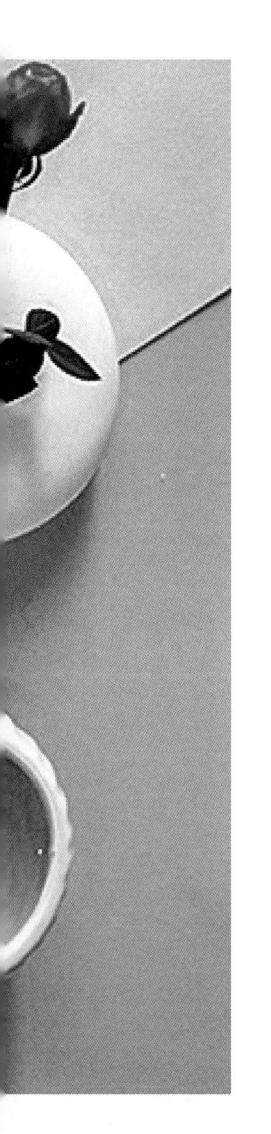

每年的六一儿童节是孩子们欢欣雀跃的日子。在多多读幼儿园之前，我们就特别重视这一天，珍惜跟他共度的快乐时光。

多多读幼儿园之后，每年的儿童节，幼儿园里都会举办一场丰富多彩的庆祝活动，然后放假一天。多妈也会从早晨睁开眼睛的那一刻起，就进入了快乐的忙碌模式：礼物、早餐、活动……这一餐，多妈“请”来了多多当时最喜欢的“小熊妈妈”，来跟多妈一起祝福多多节日快乐。看到憨态可掬的小熊妈妈，多多别提多高兴啦！还特意让爸爸给他和小熊妈妈拍了合影，说要给小朋友看。

拍完照后，迫不及待的多多一下手，小熊妈妈的鼻子就不见了，接着那烘托节日气氛的彩虹豆也被一扫而光。多多一边吃一边哼着小曲，这个时候，也是妈妈最欣慰、最快乐的亲子时光！多多很喜欢听妈妈讲小时候在农村的生活，可童年时期的多妈在农村根本就不知道还有儿童节，“六一”那天也是帮大人干活，到田里锄地，到山上放羊，没有礼物，一样觉得很开心。多多听了之后说：“妈妈，还是我们现在幸福。”我告诉他：“幸福其实在心里，只要自己觉得满意就是幸福。”小家伙若有所思地说：“我也想到田里锄地，更想到山上放羊……”

BREAKFAST

NUTRITION / 早餐营养

蘑菇：

蘑菇、木耳、银耳等菌类蔬菜在膳食结构中不是营养素的主要来源，却是天然的多功能食物。蘑菇可以提供丰富的菌类多糖，是一种可溶性的膳食纤维，可以改善肠道菌群，结合重金属元素和胆固醇促进其排出。蘑菇的有效成分还可以提高人体的免疫力，抑制癌细胞的增长，阻止癌细胞的蛋白合成。白色的蘑菇放久了或者磕碰后容易发黑，是其在空气中自然氧化的过程，不会产生毒害。人工培养的蘑菇食用起来比较安全，不要随意采食野生蘑菇。

花生：

一种富含蛋白质和脂肪的高能量坚果，其中脂肪含量超过 40%，并且烟酸的含量也较高。可以预防糙皮病，解决食欲不振、生长发育缓慢、皮肤及口腔黏膜损害等小儿常见的问题。

BREAKFAST STEPS

早餐步骤

主要材料：甜心面包、乳酪、苹果、巧克力豆、蘑菇、花生、鹌鹑蛋、果酱、沙拉酱、番茄酱

步 骤：

1．用甜心面包剪出小熊妈妈的两只耳朵，用巧克力豆做小熊妈妈的鼻子，安在甜心面包上。

2．用苹果做出衣服袖子，用面包做出四肢，用乳酪做小熊的身体，上面用果酱写上“儿童节 HAPPY ”，再用沙拉酱、番茄酱来装饰花边。

3．用果酱画出小熊的嘴巴、眼睛和耳朵鬃毛。

4．把蘑菇、花生、鹌鹑蛋等其他食材巧妙地加入画面，彩色巧克力豆做节日气球，烘托节日气氛。

> 快乐的童年可以奠定成年后幸福的基础。

SHENGDAN JIE

圣诞节

多多刚读幼儿园时就问我什么是圣诞节，多妈告诉他："圣诞节(Christmas)又称耶诞节，是为了纪念耶稣的降生。圣诞老人是一位身穿红袍、头戴红帽的白胡子老头儿。每年圣诞节他都会驾着驯鹿拉的雪橇从北方而来，从烟囱进入各家各户，把圣诞礼物装在袜子里，挂在孩子们的床头上或火炉前。"

之后每一年的圣诞节，多多都会在晚上睡觉前把圣诞袜放在床头，早上很早起来看他的圣诞礼物。爸爸妈妈总是不露马脚地安排好一切，以至于多多上了三年级还深信这个世界上真的有圣诞老人。长大后的多多对圣诞老人的故事多了很多疑问："他是怎么知道我心里想要什么的？我家没有烟囱，他是从哪儿进来的？那圣诞节这天圣诞老人不是非常破费吗？他要送出多少礼物啊？有的小朋友不讲卫生，圣诞老人会不会嫌他们的袜子臭……"

其实他不知道，每年的圣诞节前，妈妈提前一个月就旁敲侧击地了解了他的需求，等到圣诞节那天就把准备好的礼物偷偷塞进他的袜子里。这么做，就是想保护他的这份单纯和美好的期盼！

圣诞节这天，妈妈会很用心地为多多设计早餐的造型，不是圣诞树，就是圣诞老人……今年我用简单的食材做了雪人和驯鹿。多多说："妈妈，雪人实在太像我们在楼下堆的那个雪人啦，可是驯鹿怎么变成了白色的？"妈妈说："它去韩国美容回来了。""哈哈哈！"笑点低的多多立刻笑得前仰后合。被他一提醒，妈妈才想到如果用茶叶蛋做驯鹿就更好了。他的每一个问题，都能给妈妈带来创作的灵感。

BREAKFAST

NUTRITION / 早餐营养

鸡蛋：

鸡蛋的美味和营养价值主要在蛋黄里，蛋清部分只是一半蛋白质、大量的水和部分钾。另一半蛋白质、十二种维生素、多种微量元素、卵磷脂和叶黄素等营养成分都在蛋黄里。蛋黄里含有足够的脂肪，无须加油烹调来促进叶黄素和胡萝卜素的吸收。

BREAKFAST STEPS

早餐步骤

主要材料：鸡蛋、胡萝卜、黄瓜、提子、海苔、糖粉、果酱

步骤：

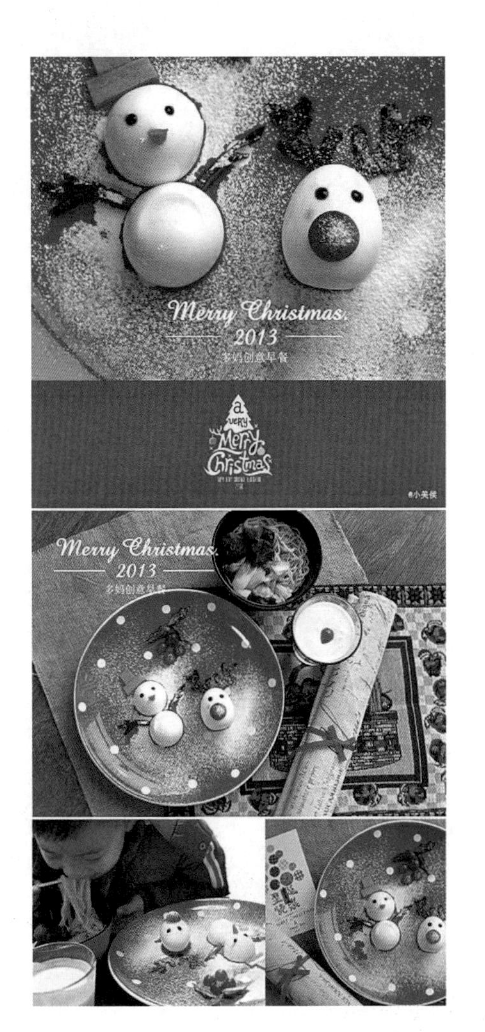

1. 鸡蛋对半切，分别做成雪人的头和身子。
2. 胡萝卜切一个长方形、一个正方形组合做帽子，如图，再切一个长三角做鼻子。
3. 取一片带皮的黄瓜，刻出如图所示的雪人的两条胳膊。
4. 用巧克力酱点上雪人的眼睛。
5. 把另一个鸡蛋的一面稍微切一点，固定在盘子上。
6. 取一颗提子的三分之二，做驯鹿的大鼻子。
7. 用海苔剪出鹿角的样子。
8. 同样，用果酱点出驯鹿的眼睛。
9. 再用黄瓜刻出叶子，把提子对半切做果实，装扮盘子。
10. 最后将糖粉撒在上面制造冬雪的气氛。
11. 可以搭配排骨面一起食用。

YUANXIAO JIE

元宵节

农历正月十五是传统的元宵佳节，春节期间的庆祝活动也将在这一天达到一个高潮。元宵之夜，大街小巷张灯结彩，人们点起万盏花灯，携亲伴友出门逛花市、放焰火，载歌载舞，充分利用这一特殊的时刻来表达自己美好的生活愿望。

元宵节这一天的早餐，多妈做了一个城里的小妹妹穿着喜庆的衣服，拿着灯笼欢快过节的场景。多多问妈妈："为什么不是我，而是小女孩？"妈妈说："因为过年的气氛用中国红代表最合适了，妈妈怕你不喜欢红颜色的衣服，所以做了个小妹妹。"多多说："我不喜欢的是粉色，红色还可以啦。好吧，小妹妹就小妹妹吧。不过妈妈你的灯笼做得太漂亮了，你是怎么想出来的？橘子瓣的结构正好是灯笼的样子，那样高的楼房像是国外的建筑，上面是像城堡一样的楼顶……"妈妈一边虚心听多多的点评，一边欣喜他知道的越来越多了。儿子慢慢长大了！

BREAKFAST NUTRITION / 早餐营养

元宵：

汤圆和元宵是以糯米和糖为主要材料制作的食品。元宵是在馅料之外逐渐滚上略有湿度的生糯米粉而成。糯米粉的主要成分是淀粉，元宵的馅料中往往含有较多的糖和高脂肪原料，所以吃的时候避免油炸，多选择蒸、煮、炖等烹饪方式。糯米制品的质地黏腻，要趁热的时候吃，凉了以后吃下去难以消化。儿童吃的时候家长要看着，避免烫伤或噎食。

BREAKFAST STEPS

早餐步骤

主要材料：乳酪蛋糕、黄瓜、胡萝卜、苹果、小蜜橘、小番茄、黑提子、果酱、沙拉酱

步骤：

1. 把小蜜橘剥开，橘瓣分成两半，把黄瓜尾端没刺的地方切成小长方体，胡萝卜切成小丝，一起用来制作灯笼。

2. 用苹果切出小姑娘的上衣、小手、靴子的形状（衣服不用去皮，做红色衣服。手要用去皮的果肉制作，呈现皮肤色）。

3. 把乳酪蛋糕横截面切下，做成小姑娘的头。再把乳酪蛋糕切成月牙形，放在头上，再切两个小花瓣的形状做蝴蝶结。

4. 用果酱或巧克力酱将头发、辫子画出来。

5. 用“蝴蝶结”装饰，小姑娘的主体形象就出来了。

6. 用黄瓜、胡萝卜、小番茄相互搭配，制作成建筑物，营造城市过节的氛围。

7. 把黑提子对切，当作小姑娘的眼睛，用沙拉酱点出眼睛的高光部位。

> 生命是一个漫长的过程，埋下一颗健康的种子，静静等待它的枝繁叶茂。

每年的3月12日是植树节，这一天多多的学校会组织一些植树活动，以增强孩子们保护生态环境的意识，激发他们爱林、造林的热情。多多很小的时候，世界观相当单纯，他很不理解人们为什么要砍树。后来他知道了我们生活中出现的纸巾、一次性筷子等都是用砍倒的树木做成的，之后多多就再也不用一次性筷子了。时至今日，长大了的多多更

ZHISHU JIE
植树节

加理解了植树节的真正意义所在，他在作业中画了一幅作品《大自然的回馈》，来表达他重视环保的观点和理念。

多多指着他画的《大自然的回馈》，跟多妈解释他的创意："环境被破坏后，我们将在什么样的情境下生存；环境得到治理后，我们的生活状况会稍有好转；人人都来保护环境的话，我们才能有美好的海洋、陆地和蓝天。你以怎样的态度和方式对待大自然，它就会以怎样的面貌回馈你。为了蓝天、绿地及丰富的海洋生物，让我们一起保护大自然，保护我们的美好家园吧。"

是啊，每一粒种子，每一棵树，像孩子一样，从小到大，每一步的成长都需要呵护，亦需要接受风吹雨打才能挺立，才能成为参天大树。

BREAKFAST NUTRITION / 早餐营养

小米：

小米原名为粟，有黏性和非黏性两个品种。糯小米（小黄米）性黏。小米的维生素和矿物质的含量都是精白大米的好几倍，如铁、钾和维生素 B_1 的含量是大米的五倍左右。只是小米的蛋白质中缺乏赖氨酸，也没有大米的蛋白质含量高，这个问题可以通过用小米和大米一起煮成“二米饭”，或者同一餐中搭配鱼肉蛋奶类食物来解决。

枸杞：

主产于我国宁夏，可以食用，也可以入药。枸杞含有枸杞色素、枸杞多糖和甜菜碱等生物活性物质。其中枸杞多糖是一种水溶性多糖，有调节免疫功能、抗肿瘤的作用。

血橙：

血橙的果肉之所以呈深红色，是因为花色苷的存在，它是一种色素，为花青素和单糖形成的糖苷结合物。相对于其他橙类，血橙含有更多的胡萝卜素和花青素，所以具有更好的抗氧化、抗辐射、调节免疫力、保护视力等功能。

BREAKFAST STEPS

早餐步骤

主要材料：红枣发糕、白萝卜、胡萝卜、黄瓜

步 骤：

1．发糕先铺在下面做成土地（如前面的图所示）。

2．白萝卜取淡绿色渐变至白色的部分刻出种子、小树苗根部和成长后大树的根部。

3．取白萝卜的绿色部分做出树枝和树干。

4．用白萝卜的绿色部分和黄瓜刻出叶子，从浅到深呈现树的生长过程。

5．用胡萝卜刻出小鸟栖息在枝叶上。

6．最后搭配血橙和枸杞小米粥。

祝福爸爸妈妈身体健康、平安！

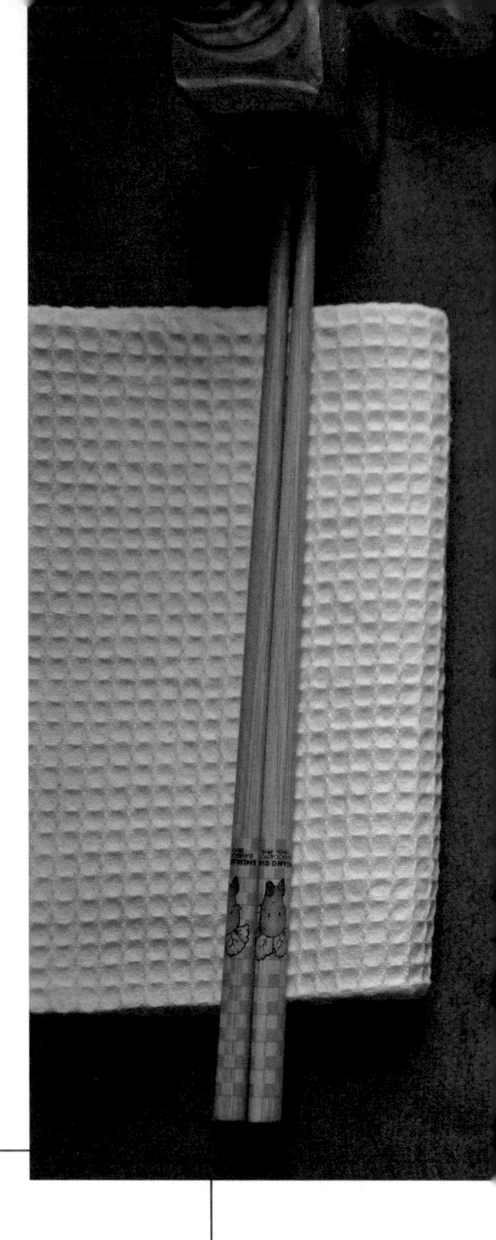

每年农历的九月初九，是中国的传统节日“重阳节”。重阳节在我们脑海中是为家中父母、老人庆祝的节日，祝福他们身体健康，老当益壮。

庆祝重阳节的活动一般包括出游赏秋、登高远眺、遍插茱萸、吃重阳糕、饮菊花酒等活动。有一年的重阳节，正好赶上我的父母来杭州，我们带着二老登山俯瞰西湖美景，看着他们蹒跚而上，相携而行，心中除了欣慰于父母身体健康外，还有诸

CHONGYANG JIE

重阳节

多感慨，有多少年没有专门陪他们悠哉地逛逛了，他们真的是一辈子劳累，也该歇息一下了。多多听我说了外公外婆这辈子的不容易，很懂事地对我说："妈妈，我也会好好照顾你的，就像你照顾外公外婆一样。以后的重阳节，我也带你和爸爸去登山，希望你们一直都这么健康，和我在一起。"

现在，我就希望父母身体好好的，同时也羡慕他们淡泊、认真地对待生活，每一天都过得充实有力。感恩有每天为我们祷告的亲爱的爸妈。

BREAKFAST NUTRITION / 早餐营养

菠菜：

菠菜的营养价值非常高，富含钾、钙、镁，同时也是叶黄素含量最多的蔬菜。叶黄素和胡萝卜素都对眼睛大有益处。菠菜还富含叶酸、维生素 K、多种抗氧化物和膳食纤维。其他的营养素含量如维生素 C、胡萝卜素和维生素 B_{12} 等均高于蔬菜的平均水平。菠菜是一种草酸含量比较高（0.97% 左右）的蔬菜。草酸在小肠中被吸收，会与游离的钙离子结合生成草酸钙结晶，因其溶解度较低，可能会沉淀下来形成结石。研究证明，热水焯煮可以有效去除菠菜中 50%—80% 的草酸，所以烹饪时提前把菠菜焯水后捞出，就可以搭配豆腐、虾皮等高钙食材，做成既健康又美味的菜肴了。焯水时如果在沸水中放一勺香油，菜叶会更加柔软鲜亮。

BREAKFAST STEPS

早餐步骤

主要材料：菠菜面、黄瓜、胡萝卜、乳酪片、海苔、苹果

步骤：

1. 煮好的菠菜面放在盘子里堆成山的形状。

2. 用乳酪片做成登山的孩子的脸部和胳膊。

3. 用海苔做出孩子的帽子和眼睛。

4. 用胡萝卜刻出 T 恤。

5. 用黄瓜刻出双腿。

6. 抽出一根面条，做爬山的“辅助绳”。

7. 用苹果刻出旗子，黄瓜做旗杆，一个登山的画面就出现了。

> 记住中国传统习俗，
> 学习中华文化精髓。

农历五月初五，是中国民间的传统节日端午节。在端午节这天吃粽子是中国人的传统习俗。记得小时候妈妈还会给我们做香囊，现在想想妈妈的手工活儿做得相当精致，也许我就是遗传了妈妈爱做手工的好基因。

端午节最初源于春秋时期，在吴越之地有农历五月初五以龙舟竞渡的形式举行部落图腾祭祀的习俗。后因诗人屈原在这一天投汨罗江死去，这一天便成了中国人民纪念屈原的传统

DUANWU JIE

端午节

节日。在民俗文化中，端午节的龙舟竞赛和吃粽子等，都是和纪念屈原联系在一起的。

多多记住了端午节是为了纪念伟大的屈原，但他更热衷的还是吃粽子和看赛龙舟。于是，我把两者结合，让它们同时出现在端午节的早餐中，粽子也从小时候常吃的甜粽子换成了现在南方流行的肉粽子。看着那条用草莓做成的寓意着赛龙舟的“红色巨龙”，多多从不吝惜对妈妈的赞美：“用草莓都能做出龙的样子来啊，妈妈你真厉害！”片刻的辛劳在一句赞美声中荡然无存。如果说全职妈妈是一种职业的话，我开始爱上了这个职业，且不打算退休！

BREAKFAST

NUTRITION / 早餐营养

草莓：

草莓的维生素 C 含量是苹果的五倍以上，且富含钾元素和花青素等抗氧化物质，对控制血压、缓解炎症有益。洗草莓时会有“掉色”现象，这很正常，因为草莓含的花青素是水溶性的天然色素，遇酸变红，遇碱变蓝，遇到金属离子还会变深色。草莓这类带有小籽的水果，还可以有效促进大肠蠕动，预防便秘。

粽子：

粽子是糯米食品，它比米饭的淀粉密度大，而且有饱感延迟的特点。这就意味着，在感觉饱之时，你可能已经吃过量了。低龄幼儿吃粽子要注意看护，避免黏性食物堵塞气管。粽子一般要趁热吃，含有豆类的粽子凉了以后会有淀粉老化回生的现象，加了油脂、肉、蛋黄的粽子凉了再吃的话不容易消化。粽子搭配蔬菜、水果、鸡蛋、豆浆，都是不错的早餐选择。

BREAKFAST STEPS

早餐步骤

主要材料：草莓、巧克力酱、粽子、哈密瓜

步 骤：

1. 把草莓切片，拼出龙头，用横截面较小的草莓做眼睛。

2. 如图所示拼出龙身体弯曲的样子。

3. 用草莓叶子装饰龙的头和尾。

4. 用巧克力酱画出龙嘴、龙须。

5. 最后搭配粽子和哈密瓜。

只要愿意做，没有完不成的事！

每年的11月1日，是西方的传统节日万圣节。万圣节前夜的10月31日是这个节日最热闹的时刻。为庆祝万圣节的来临，人们特别是孩子会装扮成各种可爱、恐怖的鬼怪去逐家逐户地敲门，要求获得糖果，否则就会捣蛋。传说这一晚，各种鬼怪也会装扮成小孩混入人群中，一起庆祝万圣节的来临。

对于万圣节，中国的孩子了解得还是相对较少。多多的英语课老师要求我们一起陪孩子们过这个节日，从另一个角度促进孩子们对英语学习的兴趣。为了这一天的特色早

WANSHENG JIE

万圣节

餐，多多一直在旁边给妈妈出谋划策，比如“这个万圣节小鬼的眼睛和衣服要是黑色的，会增加恐怖感”“真正的鬼怪脑袋后面有个光圈，可以在人群中被认出来”。

妈妈采纳了多多的建议，亲手给多多缝制了全副装备，并画上图案，穿到教室里之后，备受老师和小伙伴的好评。多多在那样的氛围里，自然信心爆棚！等他从学校回来后，妈妈看着兴奋不已的多多，已经在心里谋划好了第二天的“万圣节早餐”，只要把多多的装备和创意复制一下，惊喜就这么简单！

BREAKFAST

NUTRITION / 早餐营养

菠菜肉汤：

菠菜肉汤这类荤素搭配的烹饪方式，可以在改善菜肴色、香、味的同时，提供更丰富的营养。值得说明的是，我国南方地区居民炖汤，有喝汤弃肉的习惯。其实这种吃法不可取，既不能使汤中的营养素被充分利用，又会造成食物资源的浪费。实际上，肉的营养价值比汤还是要高出很多的。

鸡蛋饼：

中低筋面粉加鸡蛋做饼是很方便的早餐，对于不爱吃蔬菜的孩子来说，把各种蔬菜丝“藏”在鸡蛋饼里是不错的选择。

BREAKFAST STEPS

早餐步骤

主要材料：大米糯米饭、海苔、鸡蛋饼、巧克力酱

步 骤：

1. 在锅里摊一个薄薄的鸡蛋饼，如果不圆可以用剪刀把它剪成圆形，做夜晚的月亮，烘托气氛。

2. 先将大米糯米饭捏成椭圆形做小鬼的头，再捏一个椭圆饭团做身体，并用海苔包起来。

3. 用海苔剪出小鬼的眼窝、鼻孔、嘴巴、衣服、胳膊和腿，还有衣服上的装饰。

4. 用巧克力酱画出树枝。

5. 用海苔剪出蝙蝠的形象。

6. 旁边搭配上鸡蛋炒黄瓜，既有节日氛围又营养全面的早餐就做好了。

第四章 我和妈妈一起来

每个孩子天生都是画家，只是在他们发现和表达美好的最初，需要爸爸妈妈给予温暖的保护。

培养孩子的绘画能力，要从孩子的兴趣入手。如果你的孩子喜欢小动物，你就可以让他画身边能看到的任何小动物；如果他喜欢食物，你就可以让他画一些苹果、蛋糕、水饺、面包……无论孩子画得好坏，都要找到他们画中的亮点给予赞扬。

从给多多做创意早餐开始，很多妈妈就问过多妈，这样会不会把男孩子培养得太过于精致和矫情，其实多妈发现创意早餐做得越来越多之后，带给多多更多的影响是培养了其绘画的兴趣和想象力。

第一次把多多前一天的绘画作品复制成第二天的创意早餐时，他的小脸上那种不可思议和极大的成就感让多妈感到无比地满足和骄傲。母子俩共同完成一种内容两种形式的创意作品，带给我们两个人的是同样的幸福和满足。

每逢节假日，多多也学会了把之前他的画作复制成拙朴的早餐，给妈妈“显摆”一番。不管口味怎么样，看到他踩着小凳子在餐台前忙活的背影，看着他小心翼翼把盘子端上餐桌，多妈心里充斥着暖暖的感觉！感谢生活中有你让我全心付出，也谢谢你的懂事让我心暖！

珍惜生命，感恩生命，
勇敢面对一切。

多多六七岁的时候，非常喜欢追在我屁股后面问爸爸妈妈小时候的事情，爸爸跟他“显摆”道：“我小时候胆儿特大，跟一群小伙伴儿出去玩儿蹦极，到了悬崖边，大家都往后缩了，就我一个人半点都没犹豫，绑好绳索就跳了下去。头向下，风从耳边嗖嗖地过，整个人像一只鸟儿一样自由飞翔。那次蹦极之后，大家都特别佩服我。”多多看着扬扬得意的爸爸，眼睛里满是崇拜，那一刻，爸爸在他眼里，就是一个英雄。虽然当初的爸爸并没有真像他自己说的那样，那么英勇无敌！

勇敢蹦极

“妈妈，我也想挑战一下自己，去试试蹦个极。看看我敢不敢跳下去，会不会临阵脱逃。我也想和爸爸一样。”爸爸接着又很夸张地说：“你看有些人这辈子遇到不开心的事，甚至会放弃生命，这样的报道我们在新闻里也看到过。他们不知道，要是你蹦一次极就会知道，活着是一件多么美好的事情！”

那次大病痊愈后，多妈就一直告诫多多，无论遇到什么困难，无论在什么情况下，生命永远是第一位的。多多对这一点记得根深蒂固，还常常像小大人一样考问妈妈：“车子、房子、好吃的、生命，哪个对你最重要？”妈妈当然会毫不犹豫地说生命是第一位的！生命的价值和意义是应该且值得被尊重的。

BREAKFAST
NUTRITION / 早餐营养

肉松饼：

肉松饼等肉松制品因为口味鲜香很受小朋友的喜爱，佐餐食用未尝不可。肉松有两种，松绵型肉松脂肪含量少，蛋白质含量高，香酥型肉松脂肪和糖含量很高，蛋白质含量没有想象中多，从营养学角度看远不如直接吃肉。肉松一定不能多吃，因为肉松热量很高，多吃会发胖；另外肉松口感偏咸，多吃会导致钠摄入过量；而且，市场上有些肉松通常不是用优质的肉做原料，且加工过程中需要经过长时间炒制，维生素损失极为严重。

白萝卜：

白萝卜中含有的淀粉酶可以帮助消化吸收食物中的淀粉，化解积食，能起到促进消化、增强食欲的作用。白萝卜含有丰富的膳食纤维，可以加快胃肠蠕动，消除便秘。白萝卜中含有的芥辣素让白萝卜生吃时有一种天然的辣味，可以适当用水快速焯一下，提升口感，增强小朋友的食欲。

BREAKFAST STEPS

早餐步骤

主要材料：白萝卜、黄瓜、胡萝卜、海苔、肉松饼、沙拉酱、巧克力酱

步 骤：

1. 先用海苔剪出头发、眼睛和嘴，再按照图示的位置放在肉松饼上。

2. 把胡萝卜切出皇冠的形状。黄瓜切成长方形的形状做衣服，用小刀刻出纹路做条纹T恤衫的花纹，中间抹上沙拉酱。

3. 黄瓜肉切成细条做胳膊和腿。

4. 白萝卜片切成云朵状，散布在男孩身体旁。

5. 用沙拉酱画出男孩的手和皇冠上的装饰。

6. 用巧克力酱画出蹦极的绳子。

> 相信，一路上总有开心的陪伴。

YU ZHONG NANHAI

雨中男孩

杭州多阴雨，连绵半月间。多多的书包里经常会备一把伞，但这伞多半是不用的，晴天雨天都是放在书包里的摆设。许久不见太阳，多妈的心情会有些许低落，但多多却巴巴地盼着雨丝早点坠落，因为雨天能带给孩子们很多阳光底下找不到的欢乐。一到下雨天，多多就喜欢穿上雨鞋在雨水里踩来踩去，还故意将动静搞得很大，看着水花四溅的样子哇哇叫，有时还会和小伙伴们一起找个小水洼，将水踢起来，看谁踢得更远。

有一次下雨天放学回家，多多进门脱下雨鞋说："妈妈，我今天踩着雨水回来时，总觉得身后那个啪嚓啪嚓的声音不是我一个人踩出来的，好像后面有什么小动物在跟着我，有时候是一两个，有时候是一群，踩出来的声音都不一样。"我想了想说："那一定是你平时看不到的伙伴们，我们一起用食材来还原现场吧，看看跟在你后面踩水的到底是谁。"那个晚上，多多一个人在画纸上涂抹了很久，认真构思。

第二天一大早，多多取来红苹果斜切成一把伞的样子，然后开始剥鸡蛋。我负责在红苹果上刻出伞的纹路，再用绿苹果切出伞下小朋友的雨披。趁多多整理书包离开的一会儿，我把鸡蛋、胡萝卜片、苹果片和巧克力酱结合了一下，一只打着荷叶伞的公鸡优哉游哉地出现在伞后面。"原来跟着我的是它呀！"看到小公鸡，多多开心地说。"以后下雨天，这个小家伙就会跟在你后面！别把它丢了哟。"后来很长一段时间，只要是下雨天，多多就真觉得身后有一只打着荷叶伞的小公鸡在陪他踩水呢！

BREAKFAST NUTRITION / 早餐营养

苹果：

苹果中富含的果胶和粗纤维可以增加饱腹感，同时帮助消化。苹果生吃的时候，果肉暴露在空气中容易氧化，所以削皮后尽快食用。如果是煮熟了吃，苹果中的果胶会有一定的止泻作用，同时含有的多酚类的抗氧化的物质也会增加。

柚子：

又叫文旦，皮可入药。柚子含有糖类、维生素 B_1、维生素 B_2、维生素 C、维生素 P、胡萝卜素、钾、钙、磷、枸橼酸等。柚皮主要成分有柚皮甙、新橙皮甙等，柚核含有脂肪油、黄柏酮、黄柏内酯等。柚子有降血糖血脂、促进消化的作用。

BREAKFAST STEPS

早餐步骤

主要材料： 红苹果、绿苹果、黄瓜、红心柚、巧克力酱、橙子、煮熟的鸡蛋、胡萝卜

步骤：

1. 先将红苹果斜切掉三分之一，在上面用刀刻出伞的骨架。
2. 用绿苹果切出小雨披，用橙子皮切出书包，用苹果肉刻出小手和双腿的形状，再用黄瓜皮切出小雨靴。
3. 用煮熟的鸡蛋做大公鸡的身体，用胡萝卜切出鸡冠和嘴巴，黄瓜切出鸡尾巴，苹果肉切成荷叶状，再用巧克力酱画出荷叶的纹路。
4. 苹果肉切成小丁，摆放成雨滴状，仿佛从天上飘下来。
5. 最后用黄瓜、红心柚和番茄肉做一些路边的小花点缀，这是很重要的配饰哟。

做一条快乐的鱼。

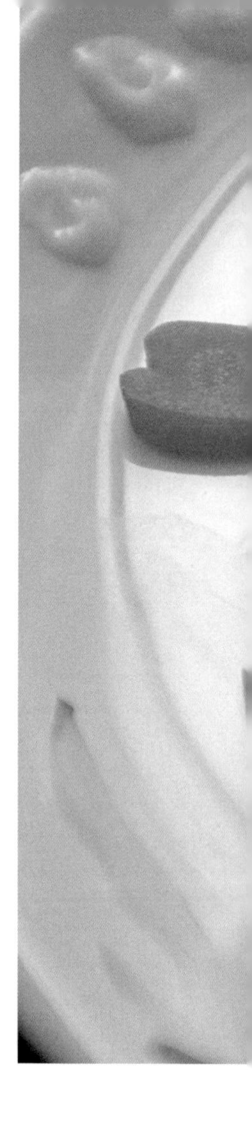

从幼儿园回来的多多带回了他在美术课上画的一条彩虹鱼，可爱又胖乎乎的鱼儿占了满满一张纸，旁边还有摇曳的水草和从鱼嘴里吐出来的一串泡泡……多妈当时就惊呆了：这是一幅无论从结构还是色彩都叫人爱不释手的作品，多多自己也非常喜欢，特意从学校带回来给我看!

第二天早上，多妈用尽心思，把多多的这幅嘟嘴彩虹鱼复制成了一盘创意早餐。多多起床后站在餐桌前，看到纸上的鱼和盘中的鱼，开心地跳了一圈，还模仿彩虹鱼的样子嘟着小嘴，半天都舍不得吃。

有了这次成功的“联手创作”之后，多多就迷上了给妈妈设计“早餐脚本”。前一天晚上他就开始认真“作画”，有时候是动物，有时候是植物，还有时候是和同学课间玩游戏的场景……每一次，

YITIAN DAO WAN YOUYONG DE YU

一天到晚游泳的鱼

多妈都尽力琢磨他画中的精髓，构思合适的食材，然后在第二天早晨还原一种创意早餐，看着多多眼中的崇拜和惊喜，觉得这真是极美的亲子互动时间，多妈格外珍惜。

一段时间过去了，多多对画画的兴趣有增无减，这也是多妈能坚持这么久的原因，桌上的早餐和画中的图案完美结合，早已远远超出了一顿饭的价值。与其不辞辛劳地送孩子去各种体验式兴趣班，多妈觉得在家这种互动给了孩子很多的原创思维和思考，甚至要他自己动手，这不就是很好的兴趣培养和亲身体验吗？更重要的一点在于，这短短时间里的亲子合作，又是多么融洽，彼此都因为对方有了极大的成就感和满足感！

据说鱼永远是快乐的。我希望多多和我，我们一家都能做一条快乐的鱼，心里不要装太多事情，即使有不愉快的事情出现也都可以很快烟消云散。

BREAKFAST

NUTRITION / 早餐营养

面包：

以小麦粉为主要原料，加酵母、鸡蛋、油、糖、盐发酵制成。发酵后的面包较容易消化。面粉的B族维生素、矿物质和蛋白质含量都胜过白米，以发酵面食为主食，和以米饭为主食相比，相对不易发生营养缺乏，但在加工过程中会放入更多的油和盐，所以也不能吃太多。相对于白面面包，更推荐多食用全麦和杂粮面包，可以让孩子摄入更多的B族维生素和膳食纤维。

BREAKFAST STEPS

早餐步骤

主要材料：吐司面包、胡萝卜、黄瓜、海苔、沙拉酱、番茄酱

步骤：

1. 取一片吐司面包，照着孩子画的鱼的轮廓修剪出来，用剪掉的边角料剪出小鱼的尾巴。
2. 用番茄酱画出鱼鳞，用海苔剪丝分隔出鱼头的部分，尽可能地按照原形用沙拉酱描出鱼鳞的边，然后用胡萝卜片做其他装饰花纹。
3. 用胡萝卜刻出鱼嘴和鱼鳍，上面用黄瓜皮照图装饰。
4. 用海苔片剪出圆形的眼睛和长长的眼睫毛，然后用沙拉酱画出鱼的眼白和高光。
5. 最后用黄瓜刻出水草，别忘了用沙拉酱挤出鱼吐的泡泡，这可是神来之笔哟。

世界上没有卑微的动物，我们
都是可以相互学习的朋友。

LAOSHU MISHI

老鼠觅食

“小老鼠，上灯台，偷油吃，下不来——”这是我小时候外婆老唱的童谣，耳熟能详，口口相传。关于小老鼠的故事现在的孩子们有了更多的选择，《料理鼠王》《猫和老鼠》《鼠来宝》，还有《黑猫警长》等。有一天，正在看动画片的多多说：“我觉得老鼠不是坏蛋，它们就是喜欢吃东西，但是它们自己又不会种菜，也没有人像养狗狗一样把它们当宠物养，每天给它们喂好吃的。它们只能看到吃的就想办法去吃，有什么办法都用出来，可能在它们心里根本没有想要‘偷’的意思，大家就说它们是偷吃的小老鼠，这不公平。”

我马上接过话题：“是呀，这样想想老鼠也没那么坏啊，那我们一起想想，小老鼠都有哪些优点？”“老鼠不挑食，机智、敏捷，在恶劣的环境里还能顽强生存……”多多马上为老鼠找了一堆优点，“十二生肖里第一个就是老鼠，有时候老鼠对人类还有很大的帮助，比如能帮助人类预测地震……”多多吧啦吧啦说个不停。

于是，多妈趁机建议，做一餐创意小老鼠美食，把它们机智、敏捷的优点吃到肚子里。说做就做，我们先在纸上想好怎样搭配食材。第二天早上，多多像只小老鼠一样从被窝里钻出来把我叫醒，我们一起将纸上的构思落实到盘子里，他建议用鸡蛋做小老鼠的身体，事实证明比我用饭团捏出来的又快又好。当我准备用黄瓜给小老鼠做一对绿色的耳朵时，他又觉得应该用西瓜皮最白的那部分做出来才更像一只完整的小老鼠，结果也的确不错。这只通体白色，只有眼睛和胡子用黑色和绿色点缀的小老鼠看上去机警、敏捷又可爱。多多有自己的想法和坚持，这一点让多妈觉得无比欣慰和踏实。

BREAKFAST NUTRITION / 早餐营养

培根：

西方对烟熏的肋条或里脊肉的叫法，常在肉片上涂抹香料及海盐自然风干而成。培根中富含钠、钾、磷、脂肪、蛋白质等。虽然烹饪后口味鲜香，但是由于加工过程中会加入食盐和亚硝酸盐，主要是亚硝酸钠，与蛋白质分解出来的胺类化合物结合在一起会形成“亚硝基化合物”这类致癌物，所以要尽量少吃。

芦笋：

绿叶菜多指“嫩茎叶花苔类”蔬菜中颜色深、营养价值较高的品种。比如属于花苔的西蓝花和属于嫩茎的芦笋都属于绿叶菜，颜色越绿，营养价值越高。芦笋属于含钠量极低的蔬菜，多吃也不会增加钠的摄入，同时芦笋富含的膳食纤维可以促进肠道蠕动，预防便秘。

BREAKFAST STEPS

早餐步骤

主要材料：鸡蛋、西瓜、芦笋、培根、面包片、酸奶、白萝卜、黑芝麻

步 骤：

1. 白煮蛋上切出两个倾斜的小刀口，白萝卜切圆片，插入刀口中做小老鼠的大耳朵。

2. 取西瓜皮切出两个尖尖的大板牙，插入鸡蛋做牙齿，再用西瓜皮切四条细丝，做出几根老鼠的胡须。

3. 取两粒黑芝麻做眼睛。

4. 把白萝卜切成尾巴状，插入鸡蛋的“臀部”。一只栩栩如生、长着超大板牙的老鼠就呈现在了孩子面前。

5. 最后搭配培根卷芦笋、酸奶和面包片。

生命中有裂缝，阳光才能照进来。

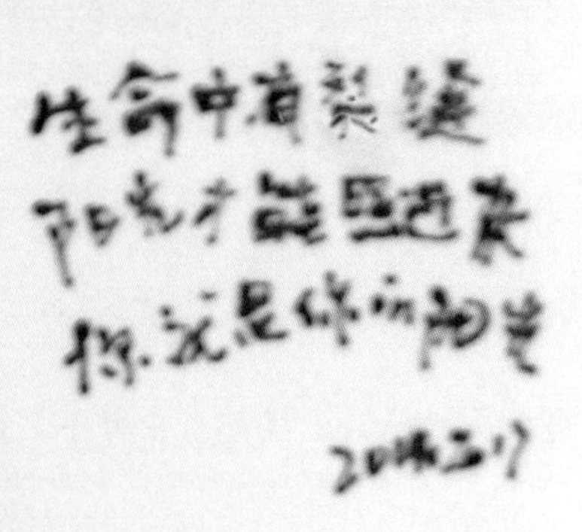

QIANBI TOU

铅笔头

又是一年开学季。每年的这个时候，多妈都会早早地帮多多准备好文具，铅笔是必不可少的角色之一。每次看到商店里琳琅满目的自动铅笔傲娇地摆在货架上，多妈总是想到自己小时候用过的需要用小刀削的那种木铅笔，贵一点的上面还附带一个橡皮小帽子。

跟多多讲起妈妈小时候用过的铅笔，也有很多故事：每次用剩下的短短的铅笔头都不会随便丢掉，而是放在一个盒子里藏着，高一点的、矮一点的、胖一点的、瘦一点的，感觉它们都是曾经陪我战斗过的士兵。那些用转笔刀削下来的木屑，也都被多妈用来拼成各种植物的花朵。多多听了很是神往，看自己的铅笔的眼神也像在检阅队伍一样了。

这个时候的多多已经开始能用铅笔画一些简单的轮廓，书写也要天天用到铅笔。每每开学，老师都会叮嘱要准备 HB 型号的铅笔，多多对老师的话奉若圣旨，一直念叨着“要买 HB 型号的哟”。看他对开学这件事那么上心，多妈就觉得应该奖励他一点特别的东西。

多多说：“那咱们就做个铅笔头的早餐吧，纪念你小时候用剩下的那些小铅笔头。”多妈听了他这番话其实是心中窃喜的，这个小暖男知道纪念妈妈的童年，也知道享受自己的童年。小铅笔头虽然已经被束之高阁了，但它们都曾经那么快乐，在纸上沙沙沙地唱过歌。多妈也希望多多把上学当成快乐的事情，成绩不一定非要很靠前，每天学到新东西就好；允许他有很多不足，每天都能开怀拥抱阳光，快乐就好！

BREAKFAST NUTRITION / 早餐营养

车厘子：

樱桃的一个品种，现在主要指大樱桃，含有丰富的钾元素，钾可以促进尿酸从尿液中排出。凡颜色深红、紫红或紫黑的水果，花青素的含量就很多，而花青素和原花青素都有很强的抗氧化和抗炎作用。樱桃中还含有褪黑激素，这种外源性褪黑激素的增加可以改善睡眠质量。

乳酪：

乳酪就是“浓缩”了的牛奶，相对液态的牛奶更容易被人体消化吸收。牛奶中的脂肪和蛋白质的比例大约是1 ∶ 1，做成乳酪后，脂肪和蛋白质的比例就是2 ∶ 1或者更高。由于每次食用的量都不会很大，所以不用担心会摄入过多脂肪。

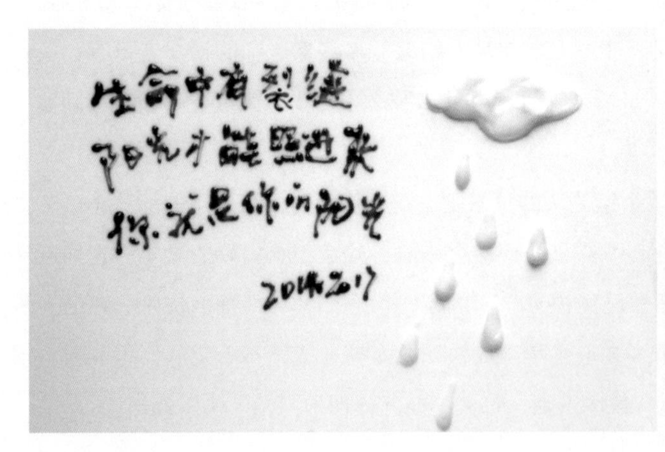

BREAKFAST STEPS

早餐步骤

主要材料：面包、乳酪、车厘子、草莓、生菜、腰果、酸奶、巧克力酱、沙拉酱、海苔

步骤：

1．用乳酪刻出如图所示的铅笔头、眼睛和腰线，放在作为身体的面包的相应位置。

2．用巧克力酱画出铅笔尖、HB 字母和拟人化的黑眼睛。

3．把海苔剪成如图所示的嘴巴形状，用沙拉酱画出牙齿。

4．用生菜打底，取车厘子和草莓，把草莓切花，寓意阳光明媚、花草丛生。

5．最后搭配面包、腰果、酸奶和鸡蛋。

哪里有爱的吸引力，哪里就有和谐快乐的家庭。

TAIKONG SHUIGUO CAN

太空水果餐

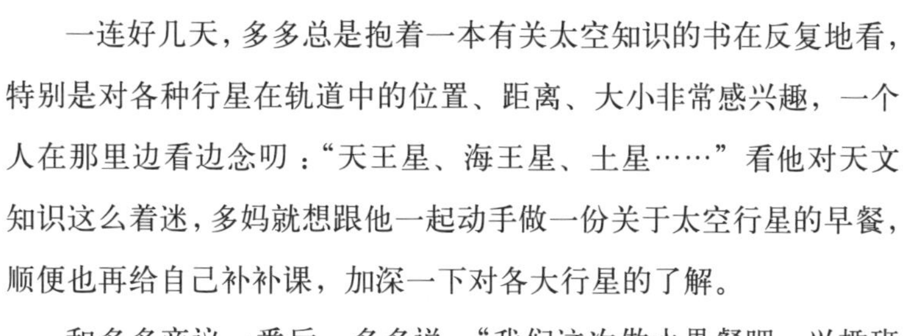

一连好几天，多多总是抱着一本有关太空知识的书在反复地看，特别是对各种行星在轨道中的位置、距离、大小非常感兴趣，一个人在那里边看边念叨：“天王星、海王星、土星……”看他对天文知识这么着迷，多妈就想跟他一起动手做一份关于太空行星的早餐，顺便也再给自己补补课，加深一下对各大行星的了解。

和多多商议一番后，多多说：“我们这次做水果餐吧，兴趣班的老师说了，小朋友要多吃水果，妈妈你也要多吃水果。我们先准备各种水果……”多多一边看着地上的各大行星图，一边运筹帷幄，很快进入了构思阶段。

第二天早上醒来，多多已经想好了。太阳是红色的，用横切开的橙子片正合适；地球是蓝绿色的，可以用黄瓜片代替；火星是红色的，可以用车厘子来做……我准备用沙拉酱画出一条条行星轨道，为了这一餐，满厨房翻找合适的盘子！

在我和多多的紧密配合下，太空水果餐终于闪亮登场了。“看看，这是个多么和谐的大家庭，每个星体都有自己的轨道，大家都很遵守规则，谁不守规则就会离开这个群体，成为一颗孤独的流星。”听了我的话，多多说：“嗯，就像我一直围着爸爸妈妈转一样，因为大人有爱的力量，所以每个小朋友都围着爸爸妈妈转。”

BREAKFAST NUTRITION / 早餐营养

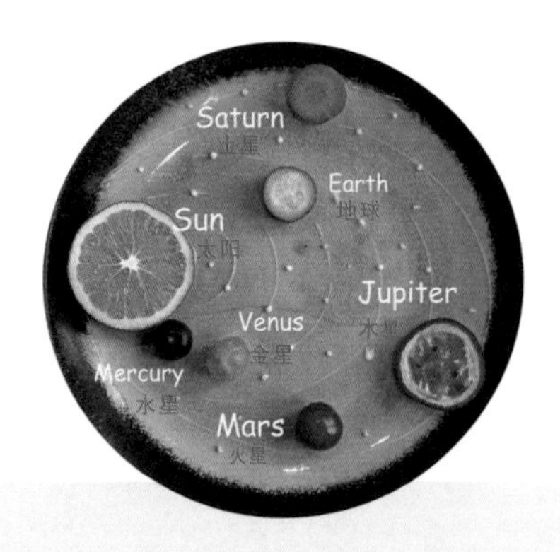

百香果：

又叫鸡蛋果。热带水果，口感酸甜独特。含有丰富的维生素、矿物质和氨基酸等超过一百六十种对人体有益的物质，可以提高人体的免疫力，有助于孩子生长发育，同时可以增强消化吸收的能力。

橙子：

果实富含维生素 C、维生素 P 和有机酸，能增强细胞治性、抵抗自由基，对人体新陈代谢有明显的调节作用。

BREAKFAST STEPS

早餐步骤

主要材料：橙子、百香果、胡萝卜、黄瓜、车厘子、桂圆、蓝莓

步 骤：

1. 先选用一个浅蓝色的盘子，制造太空的背景效果，然后用沙拉酱画出一圈一圈的白线作为行星的运行轨道。

2. 分别如图所示摆放太阳系成员（食材尽量接近行星本身的特点，大小、颜色、各自之间对应的比例）。

3. 最后用沙拉酱点上其他小行星、卫星。

孩子，慢一点不要紧，即使我们像蜗牛一样，
也可以带着快乐和梦想，一步一步走向远方！

QIAN ZHE WONIU QU SANBU

牵着蜗牛去散步

多多最近的科学课上一直在研究蜗牛，我看到他在作文里写道："我只离开了三分钟，小蜗牛就不知道跑到哪里去了，最后我和同学找了好久才找到，它居然跑到了教室外面，世界那么大，它想去看看！哎呀，谁还敢说蜗牛跑得慢？"多多告诉我，以后他决定牵着蜗牛去散步。

多多回家后，我们给他带回家的蜗牛安置了一个非常生态的"家"——里面种上了水培植物。趴在那里观察蜗牛的时候，多多说："我们给它的窝很美好，但是它自己的房子走到哪儿都要背着，太累了！妈妈，我喜欢它，我明天想要牵着它去上学！"

我暗暗记下多多的想法，等第二天早上醒来，他的梦想就在餐桌前"实现"了。多多看到那个牵着蜗牛的小小少年，高兴得不得了。一边指着蜗牛一边指指自己，然后对妈妈说："妈妈，你做的这个石子路太像了，我就是在这里找到这只小蜗牛的。妈妈你真厉害！"话音未落，做"石子路"的巧克力豆就有几颗进肚子了！多多一边吃还一边编各种故事："妈妈，你猜猜看今天我带蜗牛上学会不会迟到？我们还可以一路上看风景……妈妈，我常常和蜗牛是一个速度，会磨磨蹭蹭，这是你对我最不满意的地方，可我觉得蜗牛这一点还蛮可爱的！"

芹菜：

芹菜有降血压的功能是因为它含有可以使血管放松的植物化学物。有人吃芹菜习惯不吃叶子，其实受光合作用的影响，蔬菜叶子的维生素含量一般都高于根茎部。

巧克力蛋糕：

巧克力的营养价值是可可粉中含有的多酚类成分，能提供大量抗氧化成分，降低血液凝固性、降低血压等。巧克力不等于巧克力糖和巧克力饮料等加工后的食物。巧克力糖中含有不少的氢化植物油，还有大量的糖和脂肪，对健康没有益处，但却是美味口感的来源。小朋友们还是要以健康天然的食物为主要饮食，深加工的精细点心还是要少吃。

BREAKFAST STEPS

早餐步骤

主要材料：巧克力奶油卷、巧克力豆、芹菜、玉米粒、巧克力酱

步骤：

1．先把巧克力奶油卷放在喜欢的盘子中尽量偏右的位置，再用巧克力酱画出蜗牛的身体。

2．接着用巧克力酱画出牵着蜗牛的小多多。

3．取一部分芹菜茎，做花卉的叶子，用玉米粒做花。

4．蜗牛后面用同样的方法再做一株小一点的花卉。

5．最后在孩子和蜗牛的脚下撒上巧克力豆，铺成石子路，一份仿真的小早餐就做好了。

成功，是智慧加勤奋。

WUYA HE SHUI

乌鸦喝水

《乌鸦喝水》的故事讲了一遍又一遍，讲了一代又一代——多多两岁的时候就听我讲过，今天再读到这篇课文，他已经能明白乌鸦真是聪明，我们再也不要嘲笑乌鸦了。

趁着热乎劲儿，我开始发问："你说乌鸦为什么能成功喝到水？""因为它想出了好主意，乌鸦的智商很高的。"我说："还有就是不厌其烦，一次次往瓶子里叼石子，乌鸦成功喝到水靠的是它的智慧加勤奋。你说，我们是不是应该为乌鸦做一份早餐？"多多马上答应，并且告诉我有一种巧克力糖，很像书中插画里的乌鸦嘴里叼着的石子，然后立刻拉着我买了回来。

第二天，我们一起创作了这份"乌鸦喝水"的早餐。在多多享受美食的时候，我告诉他，其实乌鸦也是很孝顺的鸟，知道报恩。乌鸦也有很多感人的故事，还曾有过辉煌的历史，它还是远古时期人们心中的太阳鸟。据说乌鸦和喜鹊一样，也会预告好事，只是因为名字和它的叫声，大家都误解它了。

吃完早餐的多多一抹嘴，背上书包回头说："我以后再也不说同学'乌鸦嘴'了。"

BREAKFAST NUTRITION / 早餐营养

莲子：

可以入药，可以食用。莲子中的钙、磷、钾的含量丰富，可以促进骨骼和牙齿的发育。莲子有养心安神的作用，莲子芯味道极苦且性味偏寒，可以清热泻火。

红米：

最早产于我国，是以籼米为原料，经液体深层发酵而成的一种红色霉菌。外皮紫红色，营养价值高。红米中富含的矿物质元素比普通的稻米高，其中锌、铁、钙、硒等对儿童的生长发育都有重要的作用。

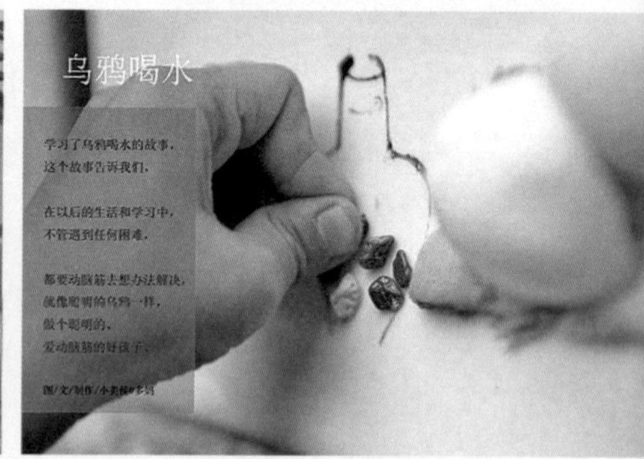

BREAKFAST STEPS

早餐步骤

主要材料：海苔、巧克力酱、胡萝卜、石子巧克力、鸡蛋、生菜、莲子红米粥、猕猴桃

步 骤：

1. 先用巧克力酱画出水瓶，把小的石子巧克力轻轻地布到快到瓶颈。

2. 用海苔剪出乌鸦的外轮廓，然后用薄薄的胡萝卜片剪出乌鸦的大嘴。

3. 取一点点蛋白做眼睛，用巧克力酱点睛。

4. 用大块的石子巧克力铺石子路，旁边摆放水煮蛋和生菜。

5. 用其他食材装饰环境，取了阳台自制花两朵，就更加逼真了。

6. 最后搭配莲子红米粥和猕猴桃。

要了解自己最亲密的伙伴。

YUEXIANG CAN

月相餐

上次和多多一起做过太空水果餐后，多多对天文就越发感兴趣了，还和班里的小伙伴一起报名去读了“天文知识”兴趣班。每次从兴趣班回来，就会“上弦月、下弦月”地把那些天文名词挂在嘴边。为娘的很开心，决定和多多做一份月相餐加深印象。黑色的天幕，白色的月亮，用什么食材合适呢？我还在努力思考，多多就搬来了自己的饼干桶。“用我爱吃的奥利奥饼干怎么样？”哇，再合适不过了！这孩子开始变得善于联想，更重要的是，还越来越懂得分享。

这是我们很少在头一天晚上就完成的早餐。我们一边创作，一边背诵月相变化歌：“初一新月不可见，只缘身陷日地中，初七初八上弦月，半轮圆月面朝西……”看着做完的月相餐，多多说：“天上的星星这么多，只有月亮离我们最近，月亮是地球最亲密的朋友，我们一定要多多了解它。”多多的感慨越来越多了。

我说，每个人都有自己最亲密的朋友，有时候朋友也会有变化，就像周期性的月相变化一样，朋友有时候会生气，有时候会躲着你，但你了解他，知道无论发生什么，他永远都是你的朋友。多多听了，似乎明白了什么。晚上，月光洒在这份月相餐上，静静地等待天亮。

BREAKFAST
NUTRITION / 早餐营养

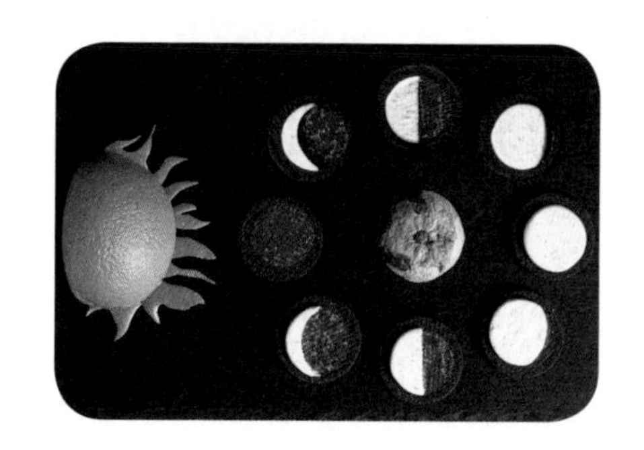

绿豆：

绿豆汤是夏季家庭常备的清热解暑的饮品，绿豆含有多种矿物质、维生素和球蛋白，和小米一起煮食，可以提高其营养价值。绿豆中的生物活性物质有抗氧化的作用。绿豆汤有时会变成红色，是因为绿豆表皮中的酚类物质在空气中发生氧化聚合反应，所以开盖煮的易变色，压力锅煮的不易变色。变红的速度和煮汤时使用的水质也有关系，自来水煮绿豆汤变色最快，纯净水就会好很多。如果在煮汤时加半勺白醋或者柠檬汁，也可以让绿豆汤较长时间保持碧绿色。需要注意的是绿豆粥不宜用铁锅煮。

百合：

植物百合的鳞茎部分可以食用，也可以药用。百合除了含有蛋白质、脂肪、糖类、多种维生素和矿物质外，还有一些特殊的成分，如秋水仙碱等生物碱类。常搭配绿豆做汤或粥类，有养心安神、清热解毒的作用。

BREAKFAST STEPS

早餐步骤

材料：奥利奥饼干、橙子、丙烯颜料、绿豆百合粥、生菜沙拉、小饼干

步 骤：

1．先拿一个橙子，取其顶部一截面，用丙烯颜料画出简单的地球分布。

2．根据人们所看到的月亮表面发亮部分的形状，用刻刀依次去掉奥利奥饼干上的白色部分，新月、蛾眉月、上弦月、凸月、满月（无须刻）、残月、下弦月和蛾眉月就慢慢都出来了。

3．橙子先对切，再取四分之三做太阳，用皮的部分剪出太阳光芒即可完成。

4．最后搭配绿豆百合粥、生菜沙拉和小饼干。

> 做一个愿意付出的人，因为施比受更为有福！

多多一直希望妈妈能同意他在家里养一只小动物，小狗小猫都可以，可是多妈一方面觉得家不够大，也实在没有多余的精力再养一只小动物，为此多妈纠结了很长时间，还稍微有点内疚。对孩子来说，能有一只小动物陪他一起长大真的挺好，还能够培养孩子的爱心和管理能力。可由于种种客观原因，爸爸妈妈一直没能满足多多这个心愿。他想养的狗狗我只能在餐桌上呈现给他，浅浅地安慰一下他小小的心灵。猫咪也是一样，妈妈用心做了一对猫咪去满足他对拥有一只真猫咪的愿望。当多妈知道多多心心念念想要个妹妹的时候，各种早餐中就开始出现两兄妹的组合形象。

XIAO MAOMI XIONGMEI

小猫咪兄妹

做出这对小猫咪兄妹后，多妈很认真地问多多：“如果真的有了妹妹，妈妈可能会花很多时间照顾她长大，就像你小时候妈妈照顾你一样。你会吃醋吗？”多多拍拍胸脯说：“当然不会了，我去过的地方，妹妹不一定去过，你下次带着妹妹出去玩，一定要带上我，我去的地方很多啊，可以帮她介绍我见过的风景。再说我还能帮你照顾她呢。”听了多多这番话，多妈还很认真地和多爸聊到是否再给多多添一个伴儿，多多那么喜欢人多，喜欢分担，如果不再生一个，长大的多多会不会怪我们……多多望着小猫咪兄妹的样子，让多妈知道，他不是一个自私的孩子！

BREAKFAST NUTRITION / 早餐营养

米饭:

米饭提供给我们碳水化合物，也就是糖，它是供给人体热量的主要来源，也是B族维生素、矿物质、蛋白质和膳食纤维的重要来源。每天我们日常生活所需能量的55%—60%就来源于这一类食物。谷类蛋白质中的赖氨酸含量低，豆类蛋白质中富含赖氨酸，但是蛋氨酸含量低，将两者搭配起来食用，可以起到互补作用，所以很多时候建议食用二米饭、杂豆饭等。

排骨:

红烧排骨、蒸排骨、排骨汤等一直是孩子们非常喜欢的食物，不仅味道鲜美，而且不会太油腻。排骨除了含有优质蛋白质、脂肪和铁、锌等微量元素外，还含有大量的磷酸钙、骨胶原和骨黏蛋白等，非常适合给孩子们食用。排骨还可以提供血红素和促进铁吸收的半胱氨酸，可以改善缺铁性贫血。

早餐步骤

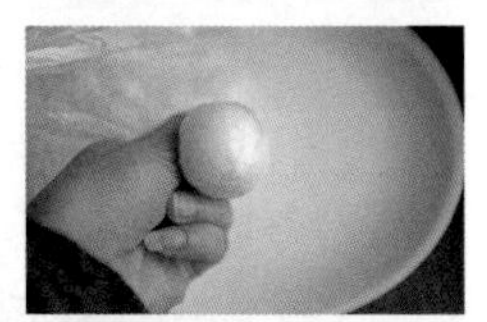

主要材料：吐司、米饭、海苔、剪刀、保鲜膜

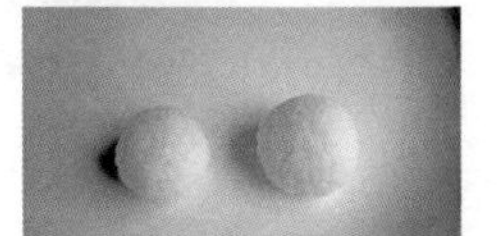

步骤：

1．取自己想要做的猫头大小的米饭放进保鲜膜内轻轻揉成球。

2．再用同样的方式揉第二个球，比第一个要稍大一些。

3．重复步骤 1 和 2，做出两只小猫的身子。

4．用吐司边剪出如图所示的圆形，做小猫的鼻子。

5．继续用吐司边剪出四个如图所示的三角形，做小猫的耳朵。

6．用海苔剪出小猫的鼻头部、斑纹和胡须。

7．用海苔剪出猫的带表情的眼睛，如图所示（可根据心情和自己的喜好剪出不同形状）。

8．再用吐司边剪出猫腿和猫尾巴即可。

自从参加了“小小骑士”户外运动，多多整个人都变得不一样了，从原来的暖男路线直奔型男风格发展。起初，爸爸妈妈带他去参加这个骑行户外卡丁车的活动，就是想让他有一次在大自然中历练的机会。然而第一次参加，多多就对车充满了征服的欲望，也许这就是男孩子的天性吧，他的车感极其好，开上去就不愿意下来，而且在教练的指导下上手极快。

XIAO XIAO QISHI

小小骑士

中途休息时，多妈觉得他的运动量和户外运动时间差不多了，多多一改往日的温柔风，很霸气地竖着食指说："妈妈，你让我再多骑一圈，我今天回家多吃一碗面条！"好吧，为了他如此高的兴致，多妈舍命陪君子，从头到尾，他都没觉得野外的风、坎坷的路有什么辛苦，满头大汗，乐此不疲。

10 月份，多妈陪他第二次去了那个卡丁车训练基地，多多这一次的表现把教练和妈妈给惊着了，整整五个小时，多多在枯燥的场地上转圈骑行，除了下来上厕所，从没下过车。教练中途去了一趟机场，回来后被从未停歇的多多惊呆了，说多多是他训练场中难得一见的有韧劲的小孩。看着他的背影，多妈第一次觉得他像个小小男子汉，他的韧劲激励了我。

回来后，多妈用心为他做了一餐，还原他在户外开车的真实场景，有远处的沙漠，还有近处的沙石路面，草长莺飞，小小少年！

西葫芦：

皮薄肉厚，可以做菜，可以做馅，口感微甜，孩子们很喜欢吃。西葫芦中钙和磷的含量比较高，适合生长发育期的孩子经常食用。西葫芦容易发生美拉德反应，就是含有糖和氨基酸的食物经过一百二十摄氏度以上的高温烹饪后，食物颜色呈黄褐色，释放诱人香气。高温加热后的西葫芦释放出很多丙烯酰胺，是美拉德反应的副产物。丙烯酰胺虽然无色无味，但是食物加热颜色越深，其含量越高，所以炒菜要尽量控制油温，菜被炒得发黄或者焦煳的时候，不仅含有很高的丙烯酰胺，而且更多的氨基酸分解产生有毒物质，会增加患癌症的风险。

BREAKFAST STEPS

早餐步骤

主要材料：肉松、哈密瓜、黄瓜、提子、小番茄、石子糖豆、生菜、黄瓜、玉米、樱桃

步骤：

1. 用哈密瓜刻出摩托车外形，黄瓜做车轱辘，提子做车轮毂，同时用黄瓜做孩子的身体，樱桃可以用来刻出安全帽。

2. 石子糖豆铺路，用黄瓜刻出绿草，玉米粒拼成花朵。

3. 用生菜点缀成草原，肉松撒在略远处做沙漠。

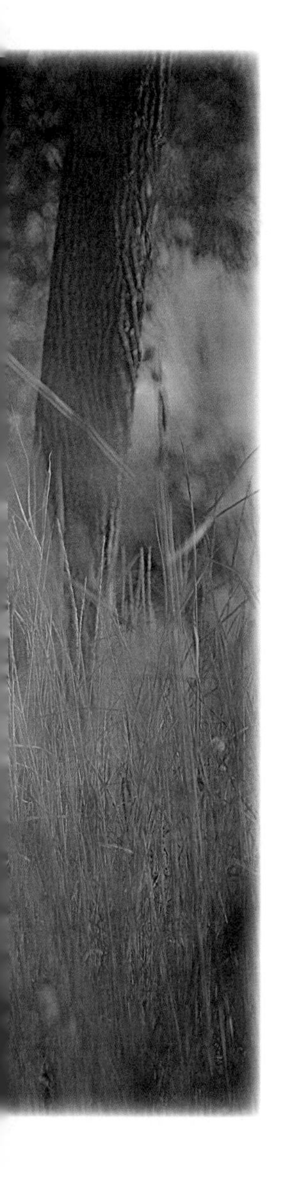

后记

我现在可以理解母亲当初的那句话，说这病来得好。在她长期的信仰里，所有的经历都是有意义的，她相信一切都是特别的安排。

躯体在人间的路径生来就是一条不规则的曲线，起伏不可怕，生死不可怕，可怕的是心理攻击生理造成的困厄。无论疾病还是健康，我们最终都要告别这个世界，而人生最珍贵的在于活出怎样的心态。中国有句话“朝闻道，夕死可矣”，就看你怎样看待自己和这个世界。

对于爱生活的人来说，即使大雨倾盆，他们也总能想到在万米高空上阳光普照的壮观；即使雾霾蔽眼，他们也总能看到千里之外云淡风轻的画面。

经历天翻地覆的那段时间，我感觉到生命的卑微、亲情的可贵。那些早餐安慰了我，让我对生活有了感恩的谦卑之心，能够沉下心来，全身投入，精神也就会变得轻松。

不再有过多的焦虑和欲求，我感觉到了从未有过的释然。

用心和家人好好相处，珍惜气息尚存的每一天！以积极的心态面对自己，面对一切！眼前的世界像被刷新了一样，即使看见一株小草也心生敬畏。它有它自己的轨迹，雨来了就饮，风来了就摇，阳光来了就展，从来不去想有人会从它的头上踩过，不纠结牵绊，不多欲抱怨。这是多么简单、自然、美好的生命轨迹呀！

在感恩和信仰的世界里，我收获了一份平安感，就是这种平安感给我带来了不一样的生活体验。

一次我和多多坐火车回家，多多一不留神从高高的上铺摔到了地上。我竟然没有惊慌，也没有喊出来，不是我铁石心肠，也不是我能预见他无恙，而是心里有了那份平安感，我知道这就是一次经历，一次他和我需要面对和承担的经历，而所有这些终将会过去。

时间是流逝的，只要内心平静就不算浪费，安稳滋生的快乐如此绵长，我喜欢这种静下心来的踏实感。在无常的生命里，我感觉到岁月安详，人生无恙。

尝试不同的亲子相处方式，找到不一样的自己

很多人把我当成美食家，甚至是育儿专家，其实这是个误会。我和很多妈妈一样，是一个边学边做的人，也曾有过现实的困惑。

多多为什么这么瘦？多多有拖延症？多多的爸爸为什么这么忙？为什么总是半夜回家？为什么连好好在家吃一顿饭的时间都没有？多多的

眼镜已经二百度了……

生活和思考都是问题。关键要学会与自己和解，与生活和解。对我来说不开心的一天相当于少活了一天。我经常把自己抽离出来，觉得看我这个躯体与看别人的是一样的。

唯一的不同，或许就是我喜欢尝试，尝试改变。

看到网上不断跃动的点击量，我常常想象那些“多妈粉”的面孔，猜测他们的想法和渴望。我身边总有这样的人向我倾诉，全职妈妈、家庭主妇，守着一成不变一刻不停的生活，感觉自己就像管家婆一样伺候着一家老小，越理越乱的婆媳关系、夫妻关系，各种家庭冷战，各种不理解，身体和心理承受着种种不易和委屈。

我猜想那些在网上关注我的人或多或少也会遇到相同的情况，总感觉有责任为这些全职妈妈做些什么。

说实话，我没有太好的办法，我只能分享自己的经历和经验，而这些经验肯定不能适合所有人，但有一点我经常告诉身边的全职妈妈，从亲子关系入手吧，这样可以影响和带动全家人。不一定要做创意早餐，做手工、做插花、做衣服、泡茶、户外旅行都是一样的，事情的本质是相通的。重要的不是会不会，而是愿不愿享受它。

现在我和多多不止做创意早餐，各类手工和户外体验也是我们经常会参与的。以前在多多眼里，妈妈就是一个烧菜做饭的厨娘，爸爸才是家里的顶梁柱，而现在他觉得我也很了不起。

相信什么，才会改变什么。复杂的事情总有简单的道理和办法去解决，我的想法是，尽量拓展自己，一定要尝试改变，尝试更多的可能性，找到适合自己的生活方式。

我喜欢一位专家说的话——最好的教育在路上。去年，我和爱人的好友铁军（环塔拉力赛的季军）在腾格里沙漠一起张罗了“小小骑士”—— 一个少儿赛车的主题活动，就是想探索亲子关系的更多可能性，放手让孩子自己在空旷的大自然和自我挑战中发现自己，同时让大人和孩子换一种沟通方式。

我曾经和多多两个人在渺无人烟的宁夏荒漠里每天骑车穿行近五个小时，没有同伴，没有人帮助我们，完全不知道前方会发生什么，我们遇到了小电池耗尽、几乎没有灯光的窘境，遇到疲惫不堪没了主意的情况，遇到了忽然跳出来的异乡人——在那种环境下，母子关系有一种特别真挚的交流，这是一般环境里很难发生的。

我并不是倡导这种带有风险的极限户外体验，因为那次我们是在毫无准备的前提下去的，不在我和多多的计划之内。但就是那次经历让我明白了一个道理，换一种环境，换一种方式，亲子关系会得到意想不到的改变。

没有谁的生活是完美的，但追求改变的过程可以变得很美。

人生最美的事业，就是学会生活

很多朋友说我绝对是个喜欢折腾的主儿，在带孩子的同时不停地寻找生活的乐趣。的确，现在我的梦想就是把生活过得尽可能丰富。

我带多多来到这个世界，至少要对得起他，对得起这满屋的光阴岁月。

器物、食物、人，是家的三元素，而最能体现这三元素的地方就是厨房。那些看似冰冷的器物也有生命，会为家带来意想不到的改变。无论怎么做，都能让家更有温度。

平时孩子上学不在家的时候，我常常逛破布头市场去淘中意的餐垫。我也很热衷于淘形色各异的盘子和碗，只因很在意吃饭时的心情。同样的食物盛在不一样的餐具里，不光视觉感受不一样，似乎味道都不一样！不同的主题餐选择不同的餐具，非常重要！

我被这厨房的食材、各类工具、餐具和小物件所吸引。执念，设计师的执念又回来了，曾经的理想又回来了，这厨房不就是我的职场吗？我的工作就是让家人享受一日三餐的愉悦时光！幸福不就是一家人好好在一起吃一餐饭吗？

说起早餐的创作，多妈最大的心得就是不喜欢用所谓的模具，任何一餐都没有重复的造型和花样。常常是晚上睡前和儿子聊聊明天想看到什么样的早餐，甚至会为第二天的早餐编一个故事，有时候儿子也会画给我看。孩子睡着了，妈妈满脑子就在想用什么食材呈现儿子的想法。多妈擅长就地取材、随心所欲，忠于食材的同时展现属于它原来的美，我相信生活的本质就在那些可爱的细节上。变换孩子喜欢的各种造型，比如一颗普通的鸡蛋，在多妈手里可以是兔子、猫、鸡、企鹅、驯鹿、雪人……也可以把一个简单的包子迅速变成猪八戒、河马、鹿、猪、小丑、小兔等。我一直认为世界不缺少美，只要你善于发现！

“多妈创意早餐”不知不觉做到现在，一路上收获了很多支持，也收获了友谊和快乐。未来是无法预知的，难免有突如其来的变化把我们的生活掀得人仰马翻。相信在这个无常的世界，亲情是最好的良药。把自己点亮，总会看见生命的颜色。对家执着和用心地累积，一定会开出幸福的花朵。

感谢那些经历，感谢那些支持我的人

出书在我的生命里从没有想过。我从小在娃多的大家庭中艰难长大，爸爸妈妈都是农民，辛苦地培养我们五个孩子上学，非常了不起。我也始终认为自己是多余的，为了讨好爸爸妈妈，从小学会了察言观色，成了绝对意义上的“乖”孩子，其实是我的心里没有安全感，为了能让妈妈抱一下，甚至期望自己生病。自从生了宝宝，我不想自己的孩子也这样，所以尽我所能给孩子全部的爱，这才开始做创意早餐，才有了这本书的呈现。

其实在给多多做早餐的早期，很多人说你出本书，我都觉得是在开玩笑。当初优酷来找我拍一个微电影，起初我也是再三推辞，觉得自己不行。导演就说，这个创意早餐在中国你是第一个我们认可的，你就是专业的，后来他们从北京到杭州跑了两趟来完成拍摄，至今我都非常感谢他们的鼓励！

在这本书的写作期间，我发现怀上二宝了。整理照片，撰写文字，对我而言都是很大的工作量，每天整理一会儿腿就会肿。后来请好朋友建会帮忙，我讲述整个过程和儿子的故事，他来整理文字。等二宝出生

后，还没有弄好的部分进行得更加困难了，导致我心里愧疚但又不出活。后来又找到闺密索铃铛，我抱着孩子口述她写，这才陆陆续续地完成了书稿。但书里的早餐营养部分，鉴于知识有限，无法完成。对此，接力出版社的编辑特意邀请了一位国家级的营养师温妮来编写。无论是我的朋友，还是温妮，我都对他们的付出心怀感激。没有他们的帮助，就不会有这本书的完成。

这本书看似是一本做早餐的书，其实它更是一本我和孩子的故事书，就是生活点滴，每天实实在在有生命气息的生活。当两个孩子的妈真的不是一件容易的事情，导致这本书一直在拖延。我想对负责本书的两位编辑慧芳和佳娣说，谢谢你们对我的包容和理解。

最让我感动的是，在三年前的一次微信群分享课上，宁波的一位妈妈听了我的分享很受启发，同样也开始给孩子做花式早餐，从临摹到创作，现在已经坚持了三年。最让我欣慰的是现在多妈创意社群里很多妈妈的改变：她们从不会做创意早餐到被感染，到开始尝试做，并分享她们和孩子之间的故事。最让我开心的是远在老家的嫂子、弟媳、妹妹、表妹等，都纷纷加入创意早餐的大军。家就是生活点滴编织的故事，她们的故事也愈加精彩了！

大人物做大事件，影响大社会。作为一位普通妈妈，我能影响哪怕一位妈妈，用积极、充满阳光的心态把普通生活变得有声有色，就足够了！也许这就是我的生命价值所在。